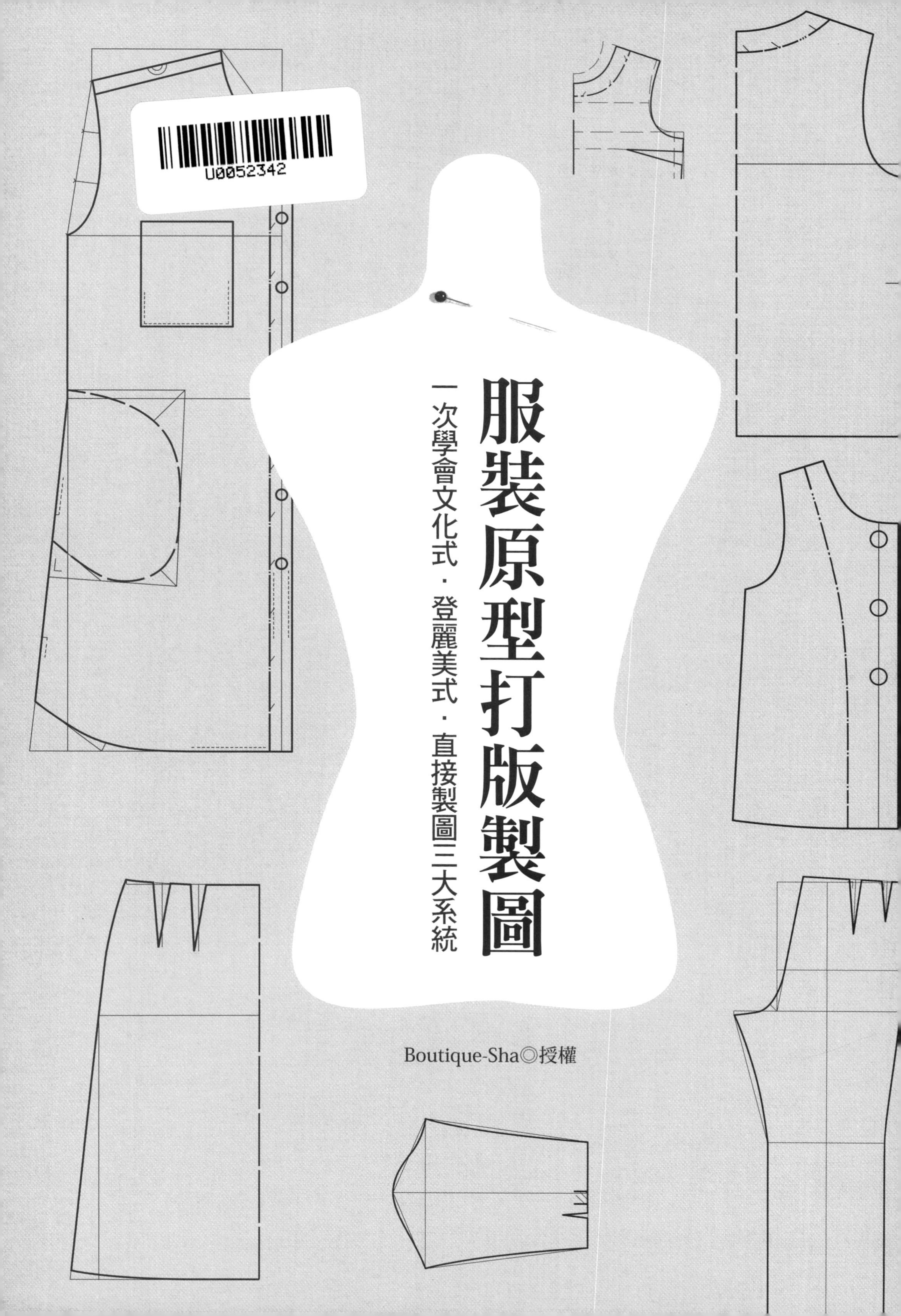

服裝原型打版製圖

一次學會文化式・登麗美式・直接製圖三大系統

Boutique-Sha◎授權

目次

「**褲子製圖要從哪裡開始畫比較好呢？**」有這樣的疑問必看本書！首先，就跟隨步驟，一條一條的畫出基礎線吧！而有了對照用的**製圖導航**，也不會弄不清楚現在畫到哪裡了！

如何查看 **製圖導航**

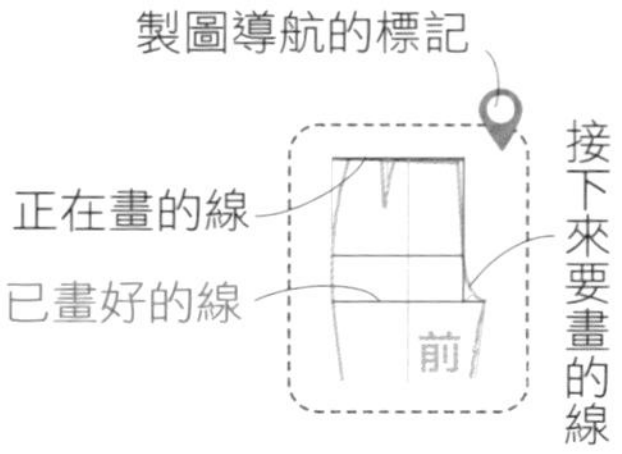

製圖導航會顯示畫線的位置。
粗紅線（—）是目前正在畫的線
粗黑線（一或—）是已畫好的線
淺灰線代表還沒畫，接下來要畫的線。

◆量身方法與尺寸表◆

量身方法

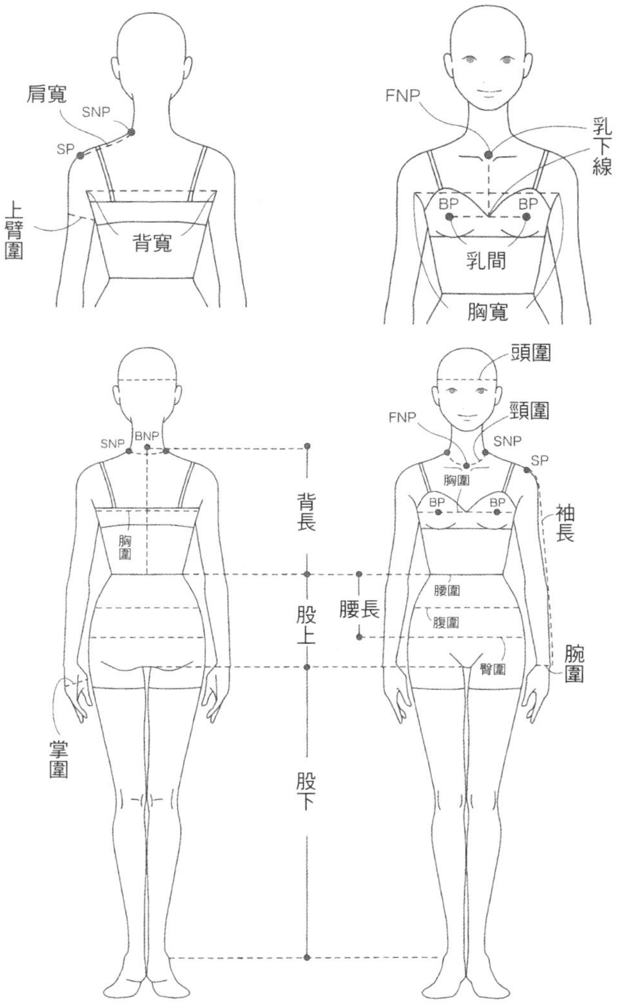

女性婦人體型 參考尺寸 文化式・直接製圖（單位cm）

身體部位 ＼ 尺寸	7號 (S)	9號 (M)	11號 (ML)	13號 (L)	15號 (LL)	17號 (3L)
胸圍	78	82	88	94	100	106
腰圍	62	66	70	76	80	90
（婦人體型）	64	68	72	78	82	92
腹圍	84	86	90	96	100	110
臀圍	88	90	94	98	102	112
腰長	18	20	21	21	21	22
背長	37	38	39	40	41	41
袖長	51	52	53	54	55	56
腕圍	15	16	17	18	18	18
頭圍	54	56	57	58	58	58
股上長	25	26	27	28	29	30
股下長	60	65	68	68	70	70

女性服裝標準尺寸 登麗美式（單位cm）

身體部位 ＼ 尺寸	7號(小)	9號(中)	11號(大)	13號	15號	17號
頭圍	35	36.5	38	39.5	40.5	41.5
肩寬	12	12.5	13	13.5	14	14.5
背寬	33	35	37	38	39	40
背長	37	38	40	40	41	41
胸寬	32	33	34	35	36	37
乳下線	16.5	17	18	19	20	21
胸圍	80	82	86	90	94	98
腰圍	60	62	66	70	74	
（婦人體型）	62	66	70	76	80	
臀圍	88	90	94	98	102	
腰臀長	19.5	20	20.5	21	21.5	
袖長	51	53	53	56	56	
上臂圍	26	28	30	31	32	
腕圍	15	16	17	18	18	
掌圍	19	20	21	22	23	
股上	24	27	29	29.5	30	

※本書是集結了《LADY BOUTIQUE貴夫人時裝》雜誌2018年1月號及6月號的「製圖教學」的內容。

1 學會看製圖

在製圖時，如果不了解線條的意思，就無法往下作業，所以要先學會看圖。接著就針對製圖中的粗線、細線、虛線和記號等所代表的意思，逐一解說。

細虛線

等比例劃分之意。有時也作為尺寸相同的記號。

鈕釦直徑＝1.2

壓線邊距＝0.1 0.5（是指壓線到布端的距離，而非針腳的大小）

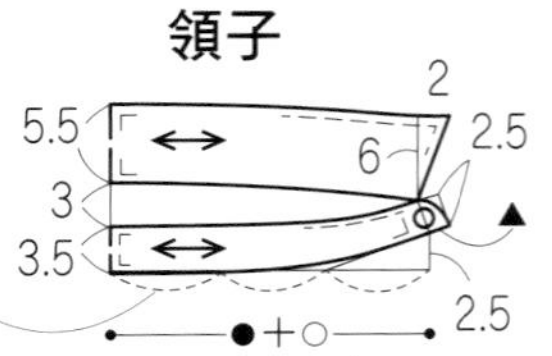

粗虛線

摺雙裁剪線。也當成翻褶線或褶山線使用。

▲○● 圖形

量取相同尺寸記號。此處表示量取衣身的領圍，再依此一尺寸繪製領子。

粗實線

完成線。

細實線

畫線製圖時的輔助線（也稱引導線）。

雙半圓

合併記號。將分開製圖的部件合併製作紙型。

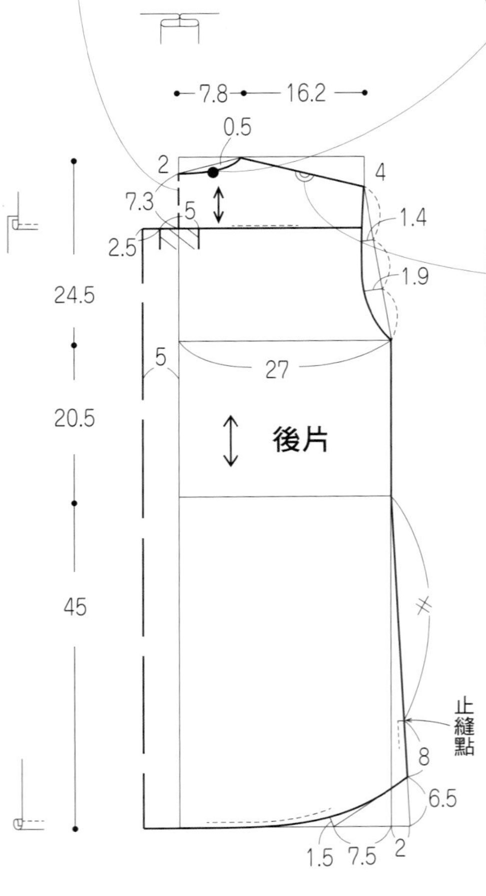

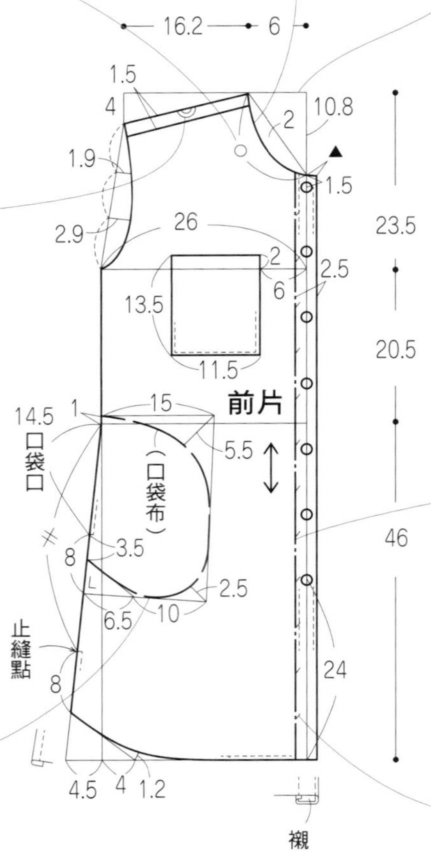

虛線

貼邊線。

粗虛線

不會露出表側的完成線。表示裡布的完成線、口袋布、布重疊的下側線。

短斜線

貼襯記號。表示於此部件貼襯之意。

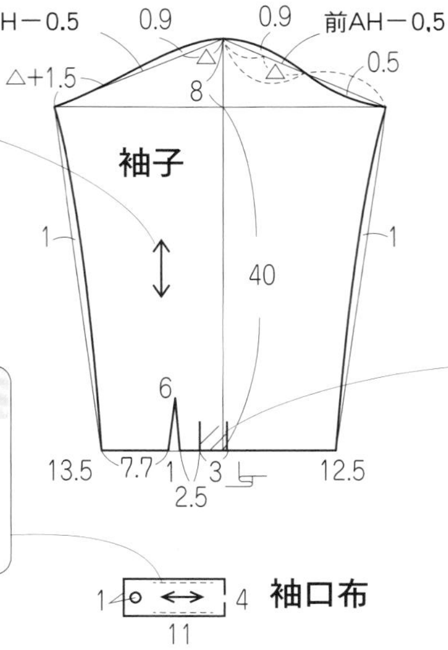

箭號

布紋線。依箭號方向對齊布的直布紋。使用絨毛布或具光澤的布時，箭頭會指向單一方向。

兩粗實線包夾細斜線

褶襉記號。由斜線的高處往低處摺。

細虛線

壓線。製圖中若未指示，會於他處指定壓線邊距，作為參考。

鈕釦直徑＝1.2
壓線邊距＝0.1 0.5

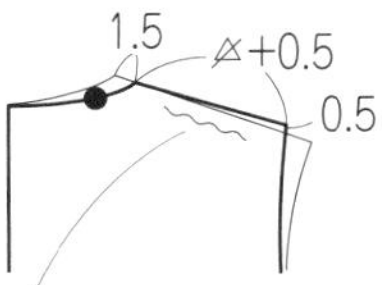

細波浪線

縮縫記號。

製圖雖有所重疊，但製作紙型時各自複寫，分成不同部件。

細實線

交疊記號。

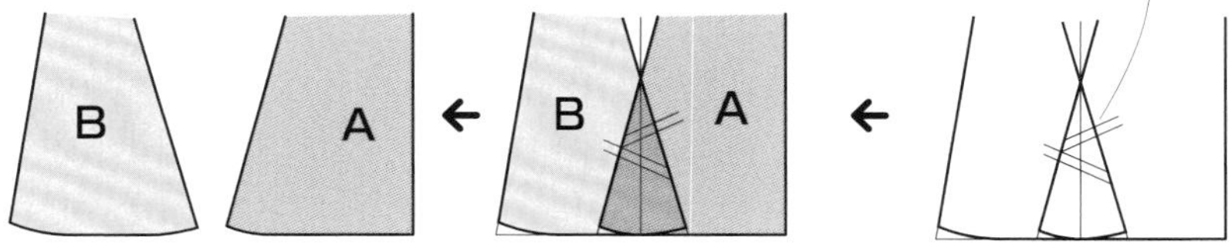

如上所述，製圖是由各具意義的線條與記號所構成。它就像服裝的設計圖，用來製作紙型，再配合組裝方式，加上縫份進行裁剪。

紙型的各部位名稱

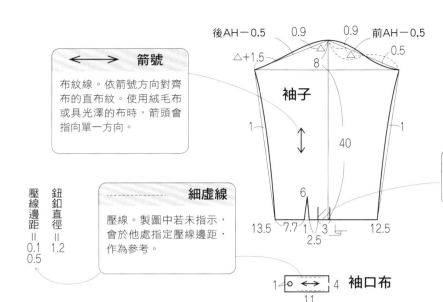

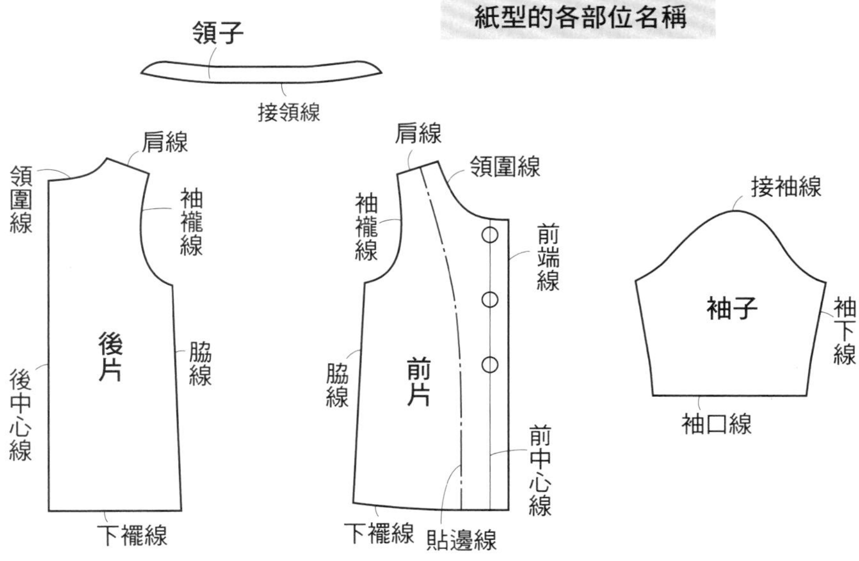

2 記住線條的畫法

Lesson 1 直線與直角

製圖的標示方式與畫法有一定的規則。先介紹包含直線與曲線畫法的基礎要項。

輔助線的畫法

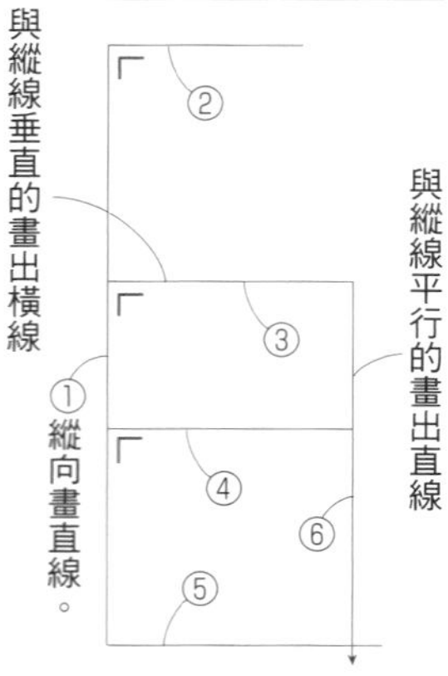

與縱線垂直的畫出橫線
與縱線平行的畫出直線
①縱向畫直線。
②
③
④
⑤
⑥

輔助線就算沒有標示直角記號，基本上就是水平垂直的畫線。如果全部都加上直角標記，會變成通篇都是記號，所以便有默契的加以省略。

有直角標記時

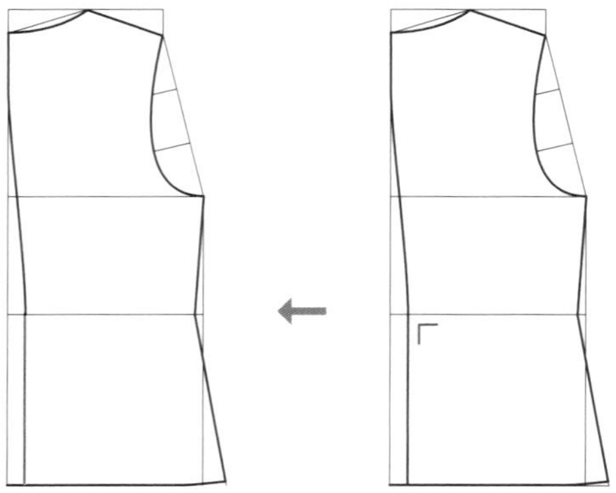

有直角標記代表兩線成直角的畫線。可使用三角尺或方格尺等取直角。

只有開頭畫成直角時

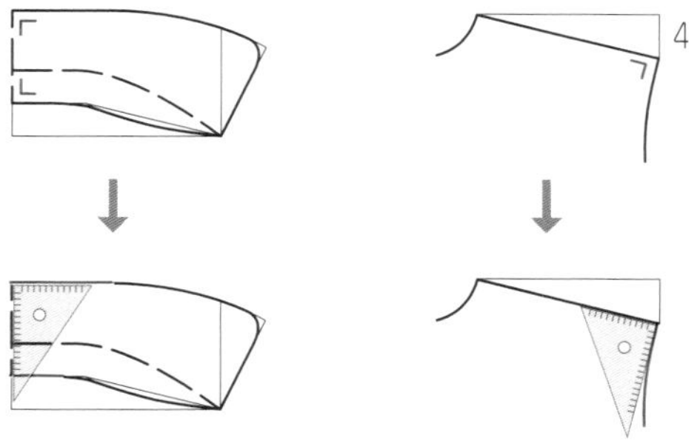

4

領子後中心及法國袖的袖襬等，請注意只有開頭是直角，之後就順著畫弧線。要是沒留意這個直角，裁剪或縫合時，形狀會變得不好看。

省略直角標記時

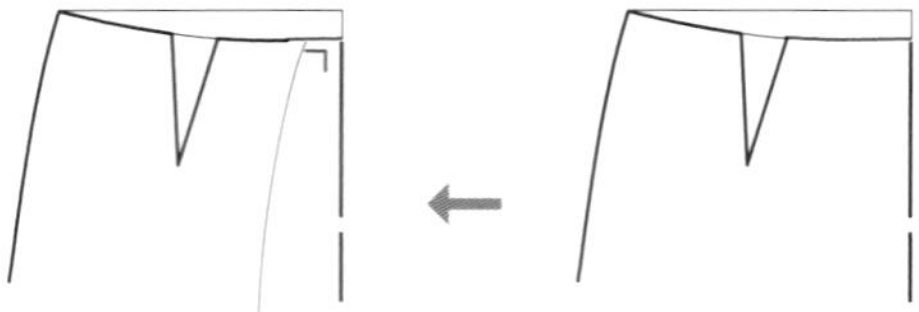

注意只有開頭是直角，之後就順著畫弧線。

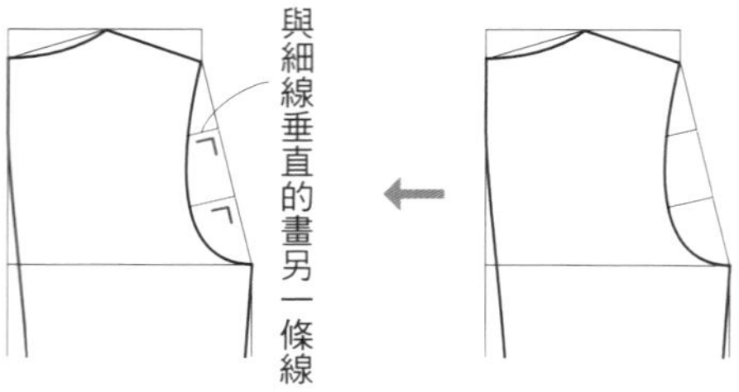

與細線垂直的畫另一條線

雖然省略直角標記，但如同有直角標記般畫線。

Lesson 2

弧線畫法
～平緩弧線～

製圖中會加入畫弧線用的輔助線，並標出尺寸。畫好弧線後，請與要縫合的部件合併，確認線條連接是否順暢。

製圖範例

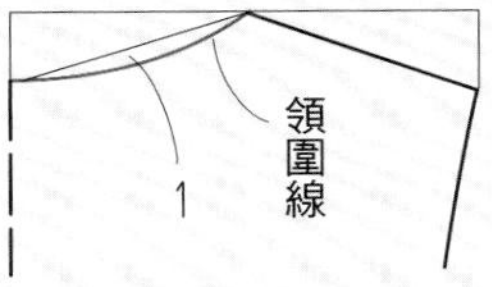

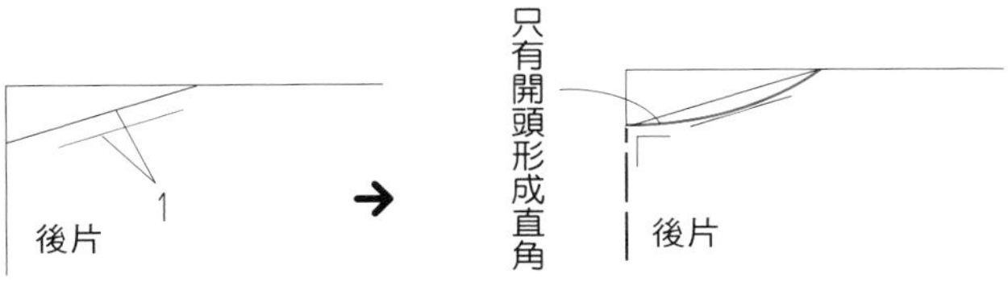

領圍線、袖下線與下襬線等平緩弧線的畫法。與輔助線平行的依指定間距畫出另一條線，再經由這條線畫弧線。

製圖範例

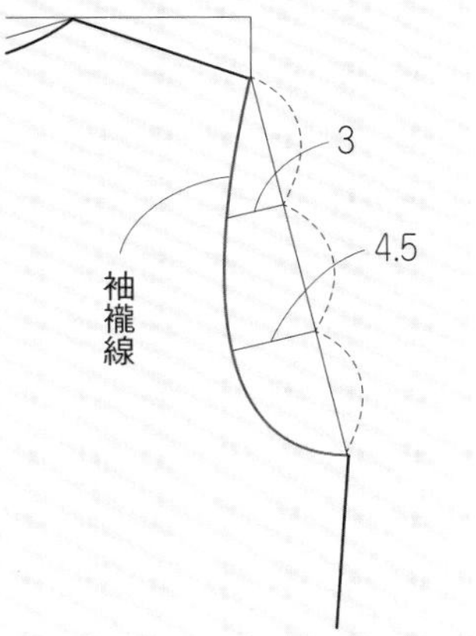

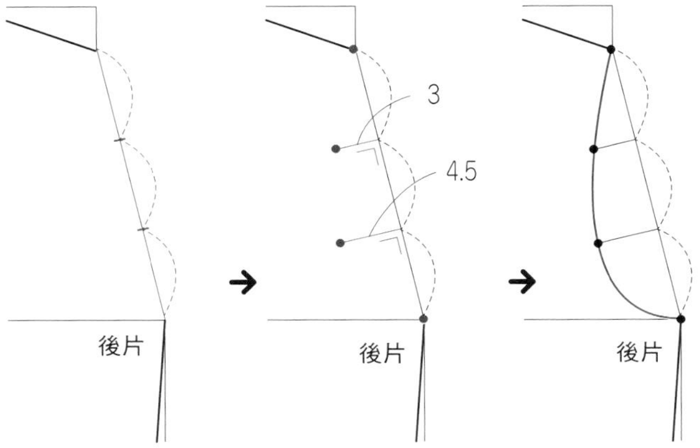

袖襱線與下襬線等弧線的常見畫法。先將輔助線等分劃分做記號，再依指定尺寸拉出垂直線，沿著記號（●）畫弧線。

製圖範例

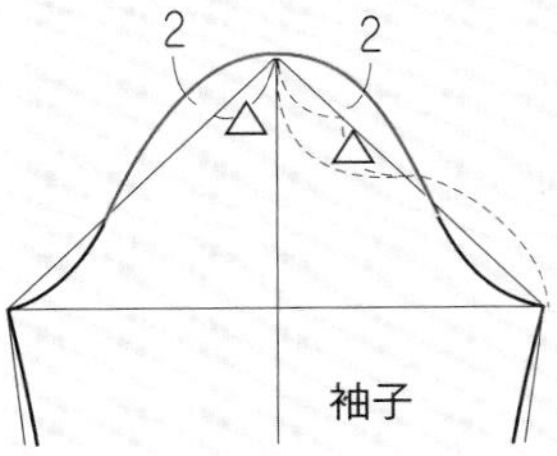

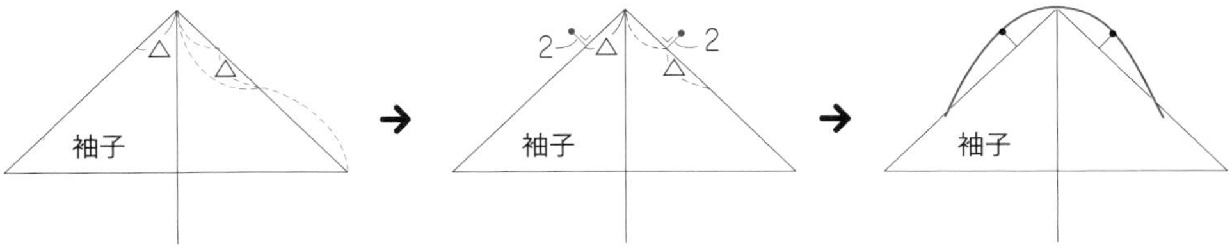

袖山的弧線畫法。如圖示先將線等分，接著自等分線垂直拉出指定長度的線條，沿著線端的點畫弧線（※袖子的畫法與順序參見P.30）。

Lesson 3 弧線畫法～圓弧線～

在線與線之間畫輔助線並指定尺寸，這是畫圓弧線時的標示方法。基本上是在線與線之間畫出輔助線。

製圖範例

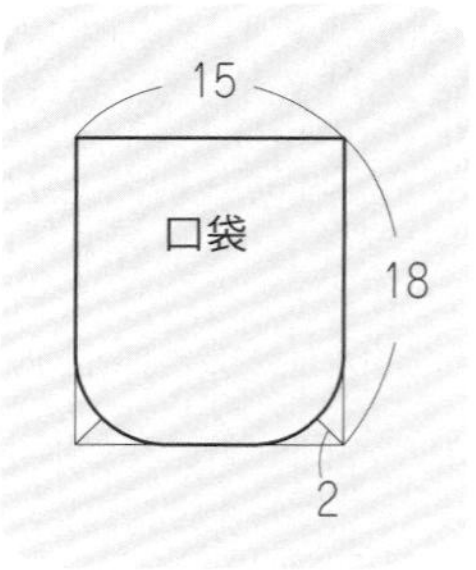

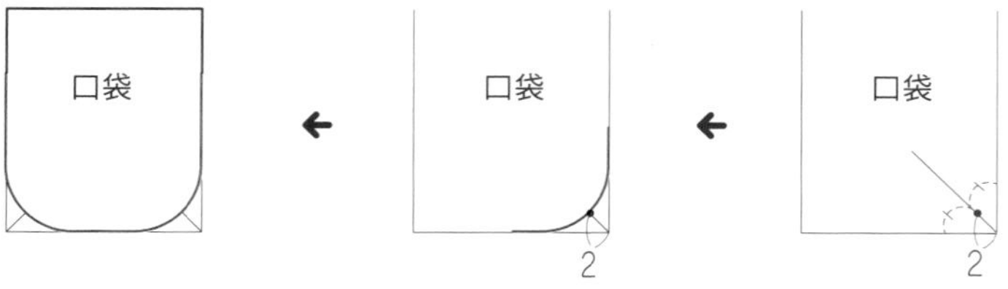

貼式口袋的圓角畫法。在線與線約正中位置畫出輔助線，再沿記號（●）畫圓弧線。※如果是左右對稱，僅於單側標示尺寸，兩側畫法相同。

製圖範例

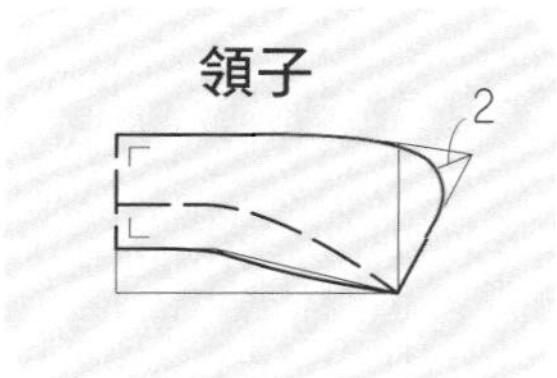

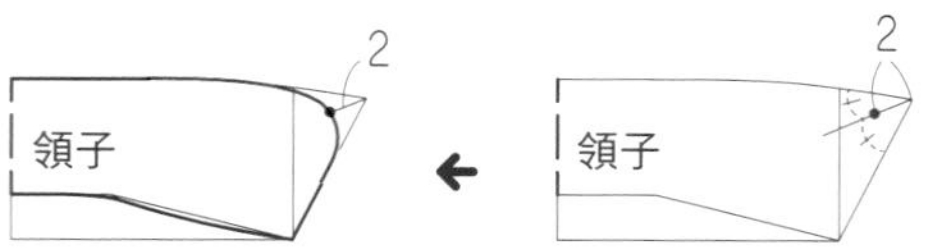

領子的圓弧部分畫法。銳角也是於線與線約正中位置畫輔助線，再沿記號（●）畫弧線。

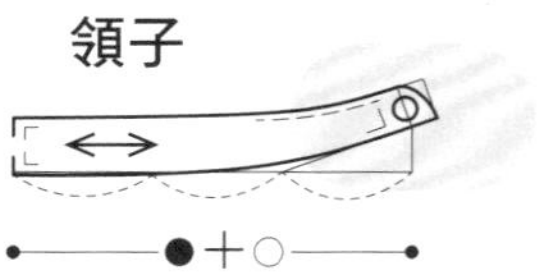

製圖範例

有時會因尺寸太小而無法標示數字。此時就大約在0.1至0.9cm之間順暢的畫圓弧線吧！

Lesson 4 量取相同尺寸

製圖中在取尺寸時有時會出現相同的記號，表示測量已經先畫好的線條長度，在畫另一條線時也取同一尺寸。

即使沒加上記號，還是要檢查紙型，確認線條的連接與長度，進行修正。

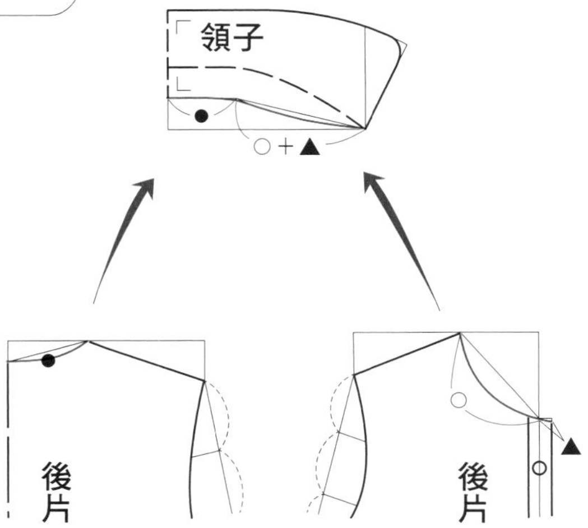

衣身進行製圖，分別測量前後衣身的領圍尺寸，再等長的畫上領子。

量取相同尺寸

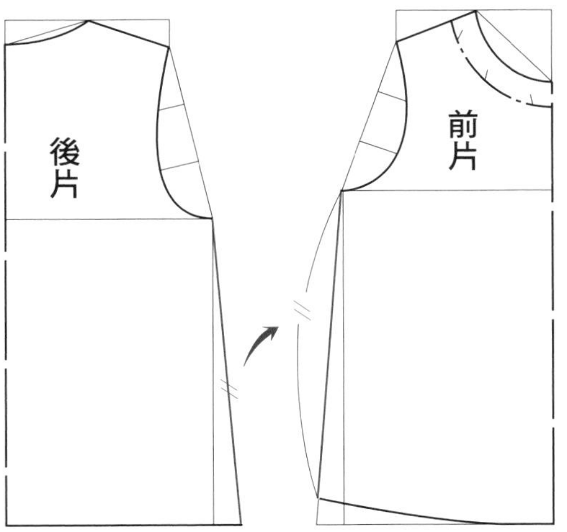

後衣身先製圖，測量後脇線的長度，再於前衣身的脇線上取同一尺寸。

重取相同尺寸

畫上直線輔助線，依輔助線畫弧線。測量弧線長度，等長的重畫弧線。

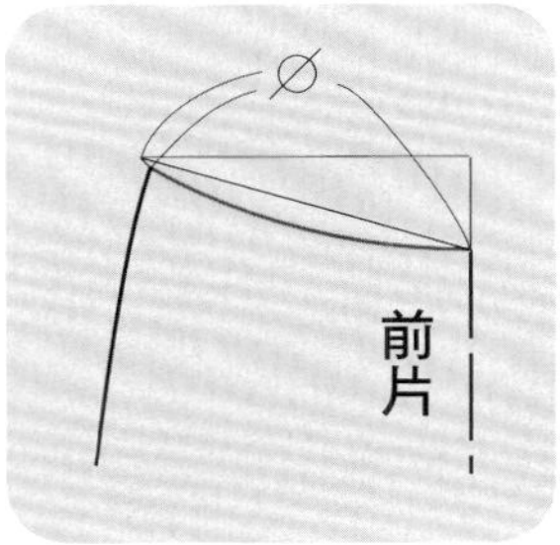

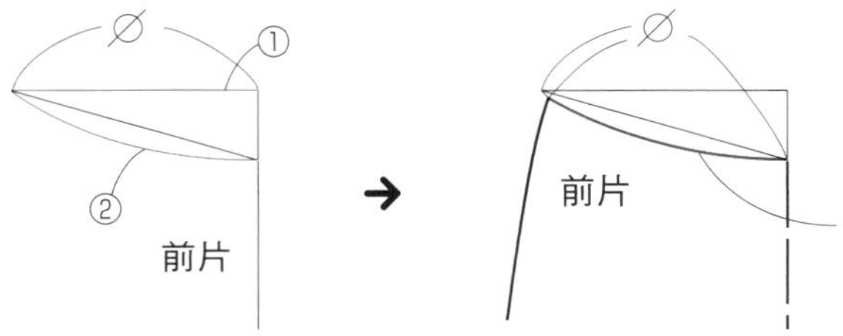

重測弧線長度，重畫線。

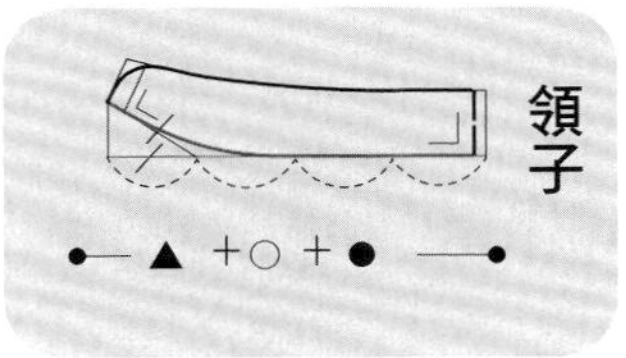

重測弧線長度，重畫中心線。

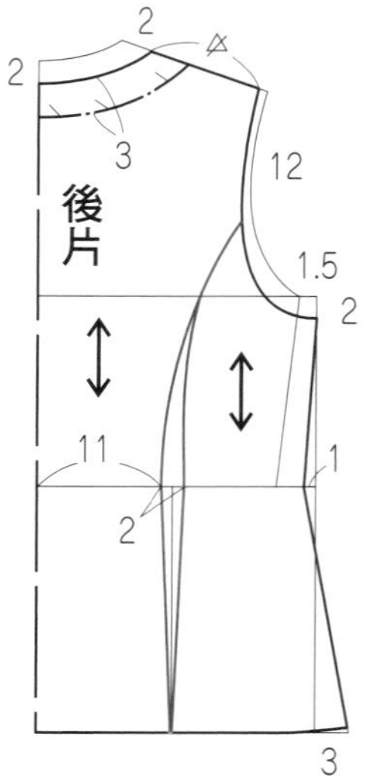

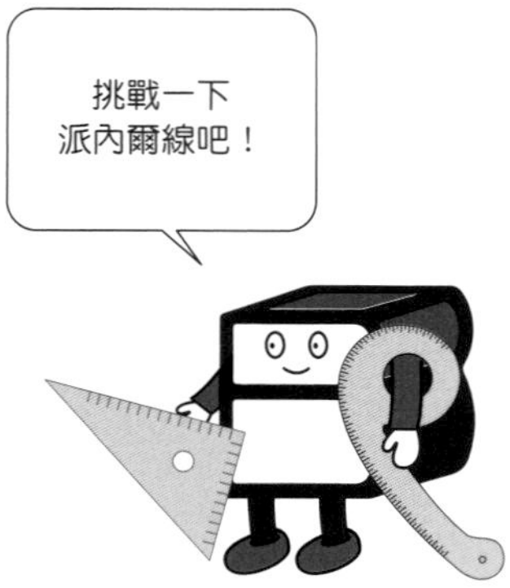

Lesson 5 一起來畫派內爾線

派內爾線（Panel）是從袖襱到腰圍的圓弧剪接線，此線大都只指示起點與終點位置。請依製圖樣本，練習畫弧線。

畫法

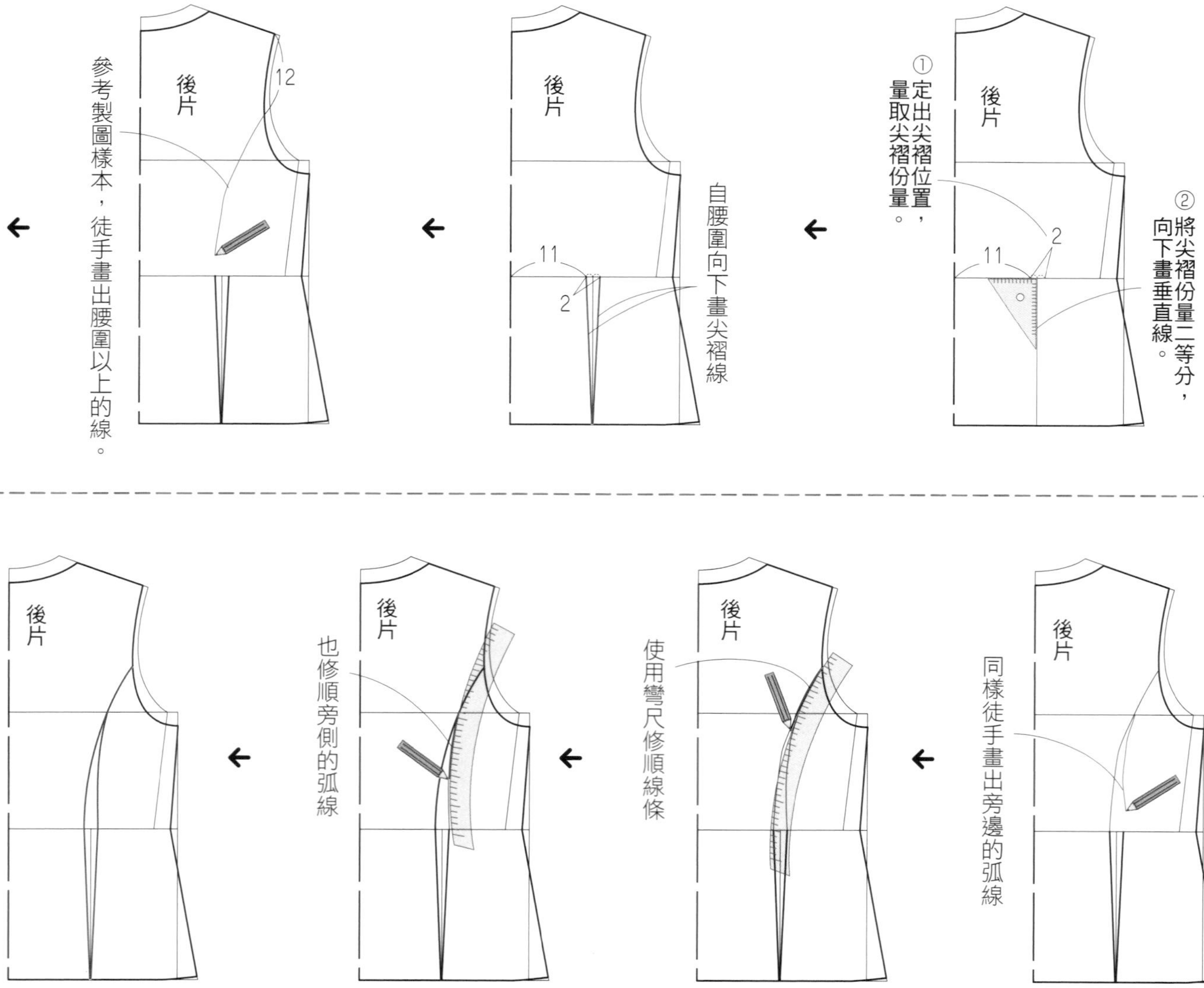

3 看懂上身製圖

上身的製圖順序
1. 後衣身
2. 前衣身
3. 領子和袖子
4. 腰帶與綁繩等

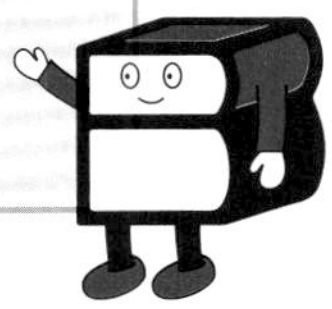

罩衫、背心、夾克等上衣要從衣身開始畫，原因在於接縫於衣身的部件（領子與袖子等）是使用衣身的完成尺寸去製圖。部件的畫法與順序會在應用篇中說明。

Lesson 1 看懂上身製圖 ～直接製圖～

所謂直接製圖是指不使用原型，直接依指定尺寸描畫完成線的方法。乍看之下不易了解加入多少鬆份。手邊若有一份使用個人尺寸繪製的原型，在直接製圖後與原型重疊，就能確認自原型加入多少鬆份。

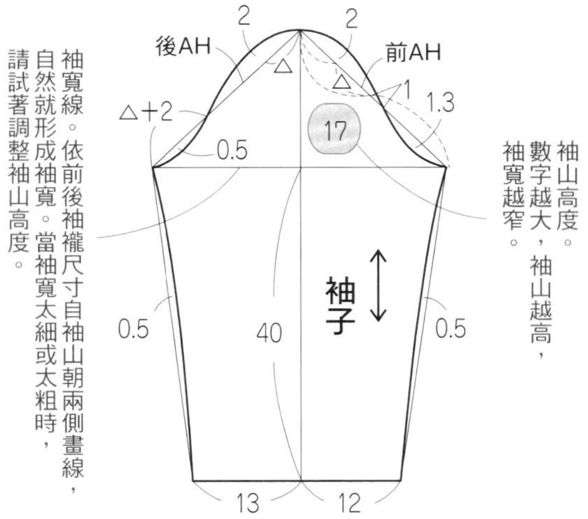
袖寬線。依前後袖襱尺寸自袖山朝兩側畫線，自然就形成袖寬。當袖寬太細或太粗時，請試著調整袖山高度。
後AH
2
2
前AH
△
△
△+2
1
1.3
0.5
17
袖山高度數字越大，袖山越高，袖寬越窄。
袖子
0.5
40
0.5
13
12

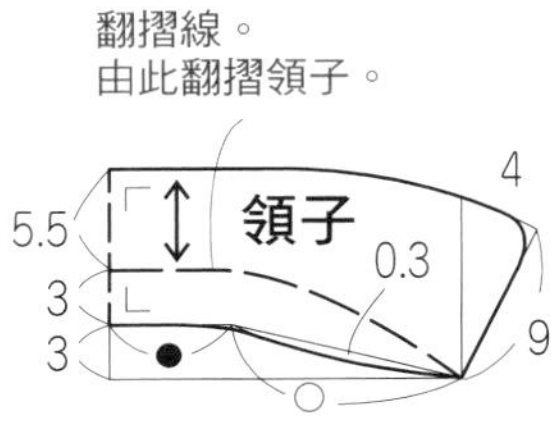
翻摺線。
由此翻摺領子。
4
5.5
領子
0.3
3
3
9

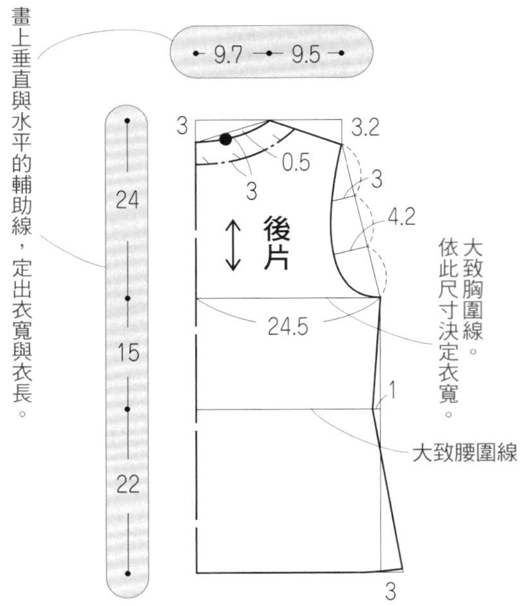
畫上垂直與水平的輔助線，定出衣寬與衣長。
9.7
9.5
3
3.2
0.5
3
3
4.2
24
後片
大致胸圍線。依此尺寸決定衣寬。
24.5
15
1
大致腰圍線
22
3

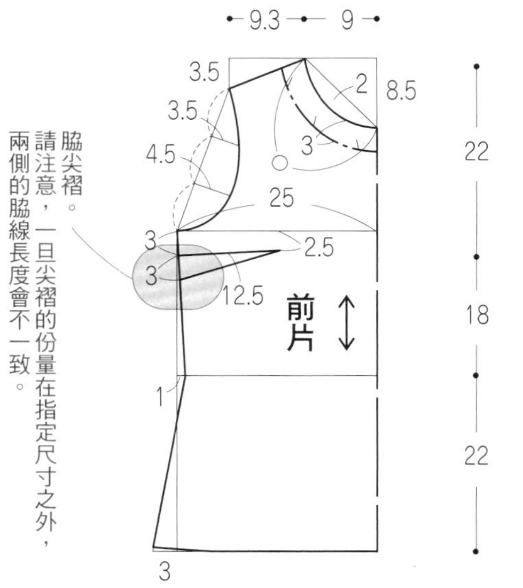
9.3
9
3.5
2
8.5
3.5
3
22
4.5
25
脇尖褶。請注意，一旦尖褶的份量在指定尺寸之外，兩側的脇線長度會不一致。
3
2.5
3
12.5
前片
18
1
22
3

文化式製圖是使用「文化式原型」來畫線。因為是以原型為基準，來決定鬆份尺寸與領圍，請使用合乎個人尺寸的原型。由於文化式原型是以胸圍為基準，如果在意肩寬與袖襱深度，建議先補正原型再來製圖。

Lesson 2

看懂上身製圖 ～文化式～

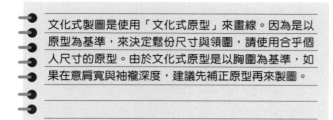

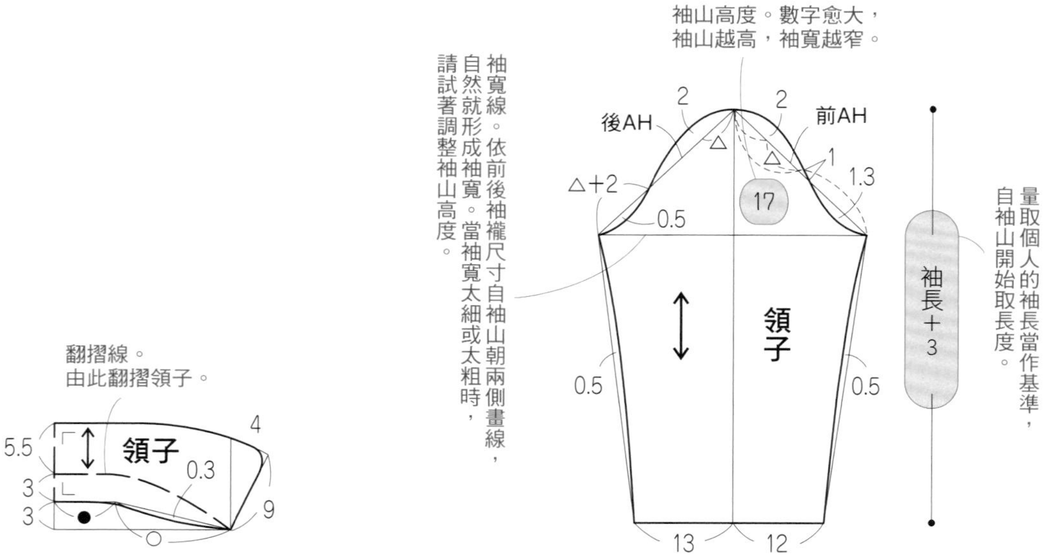

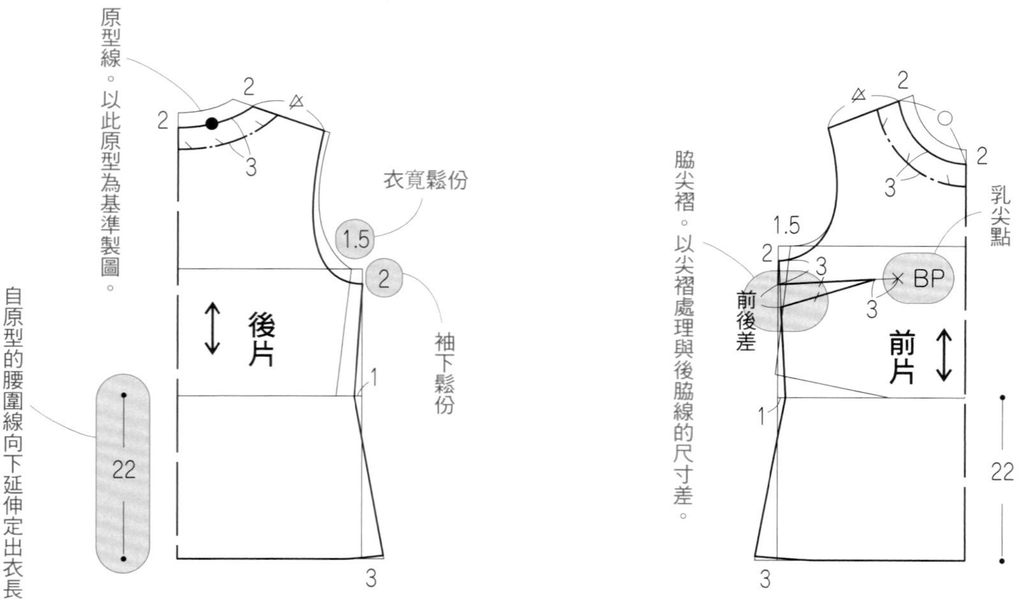

Lesson 3 看懂上身製圖 ～登麗美式～

登麗美式製圖使用「登麗美式原型」畫線。因為是以原型為基準來決定鬆份尺寸與領圍，請使用合乎個人尺寸的原型。由於登麗美式原型採用較細的量身尺寸，若能依個人的正確尺寸繪製原型就再好不過了。如果量身有困難，請參考P.1的女性服裝標準尺寸（登麗美式）。

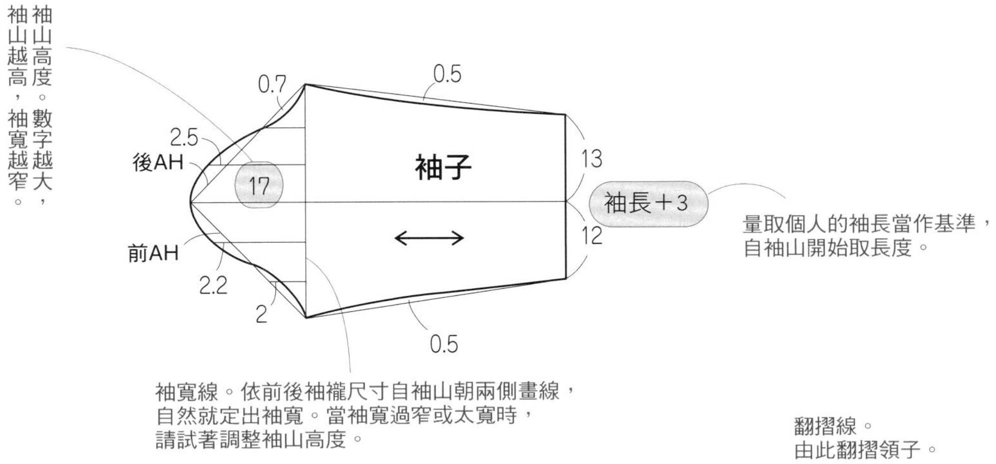

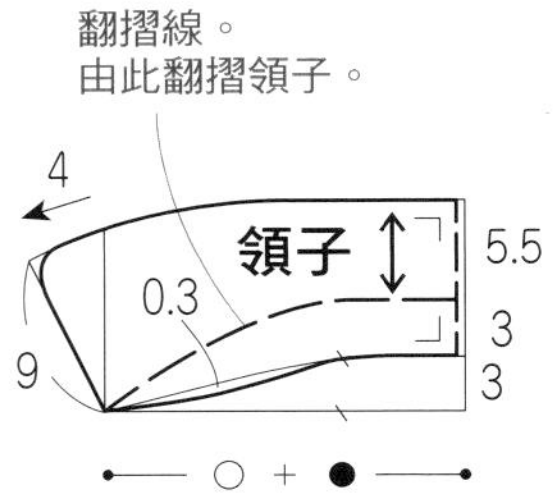

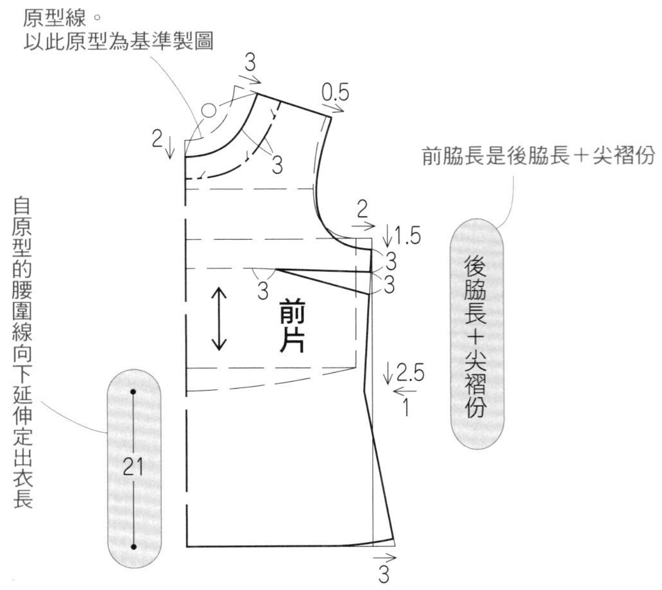

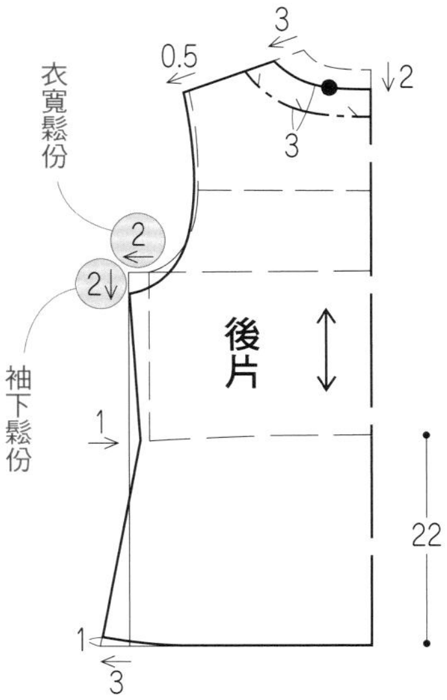

4 看懂裙子製圖

裙子製圖必須測量腰圍尺寸、臀圍尺寸與腰長。將測得的尺寸代入製圖的計算公式中計算、製圖。直接製圖可依照尺寸參考表的數值計算，但如果有一份個人的量身尺寸，則有助於確認加入多少鬆份。

腰圍與臀圍尺寸的計算公式

$$\frac{W}{4} + 2 + 2.5 \pm 1$$

$\frac{W}{4}$：腰圍÷4　2：鬆份　2.5：尖褶份 細褶份　1：前後差

製圖順序

1. 後裙片
2. 前裙片
3. 裙腰帶等配件

Lesson 1 看懂裙子製圖 ～直接製圖～

直接製圖是配合完成尺寸，將數值代入公式計算腰圍與臀圍。

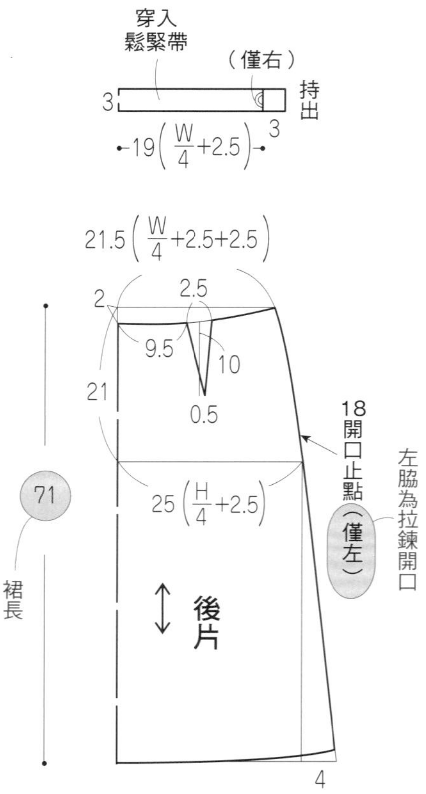

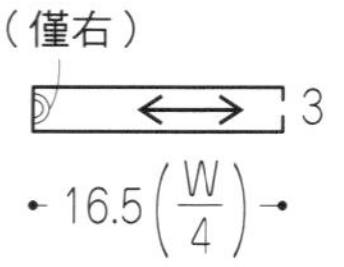

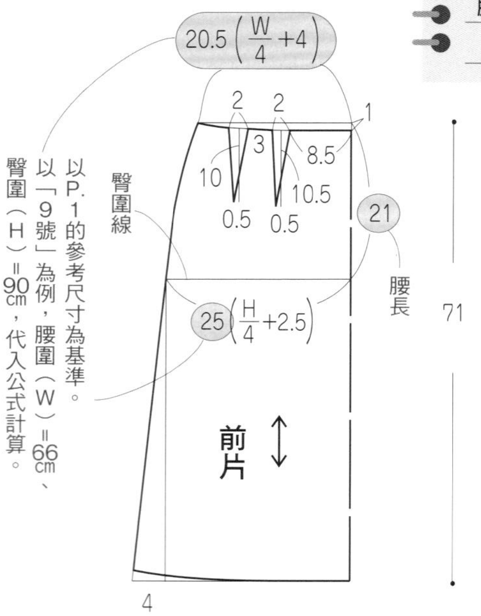

9號 完成尺寸

製圖的畫法

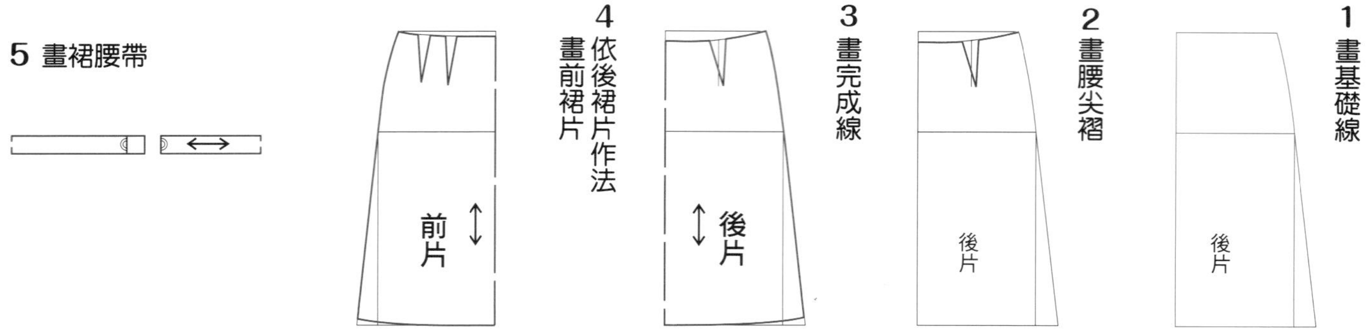

Lesson 2

看懂裙子製圖 ～文化式～

使用個人的腰圍（W）與臀圍（H）製圖。自腰圍線向下取個人的腰長，就是臀圍線（HL）的位置。

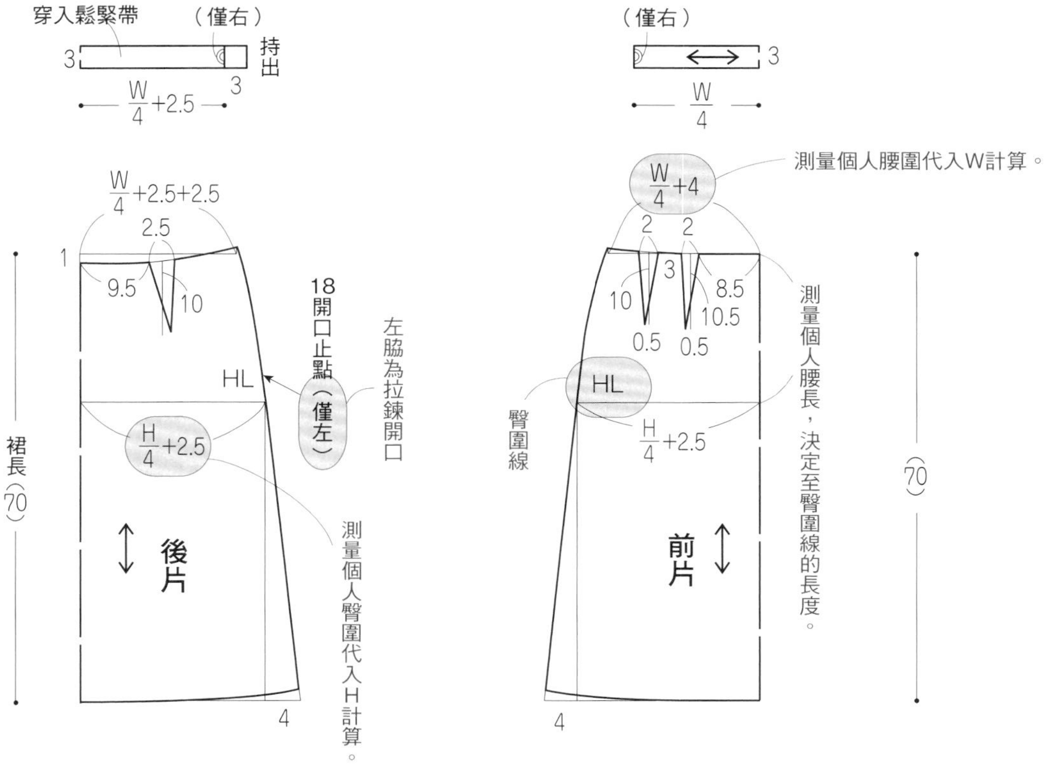

製圖的畫法

1 畫基礎線

2 畫腰尖褶

3 畫完成線

4 依後裙片作法畫前裙片

5 畫裙腰帶

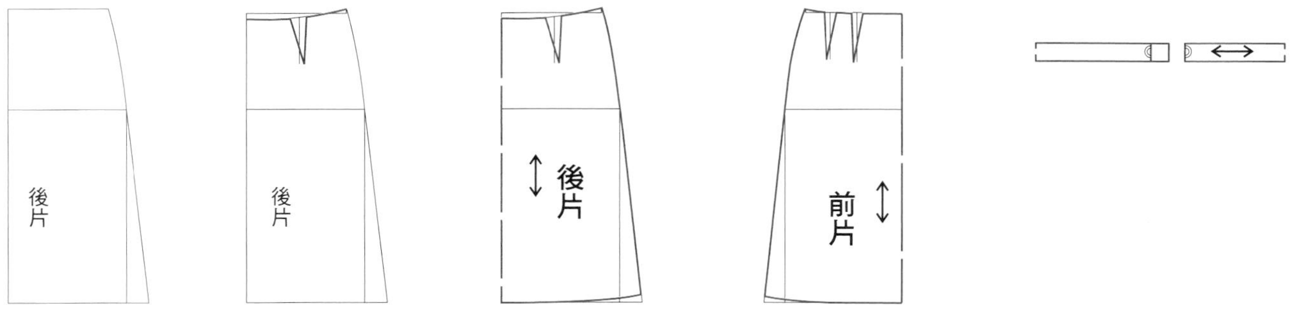

Lesson 3

看懂裙子製圖 ~登麗美式~

登麗美式的腰尖褶是以和腰圍線成直角來決定頂點。當脇出（下襬加寬份）的尺寸在3.5cm以上時，於前中心側與脇側各自取腰臀長，再連成臀圍線（HL）。脇出（下襬加寬份）在3cm以下的窄裙則自腰圍的輔助線取腰長，再水平畫出臀圍線。

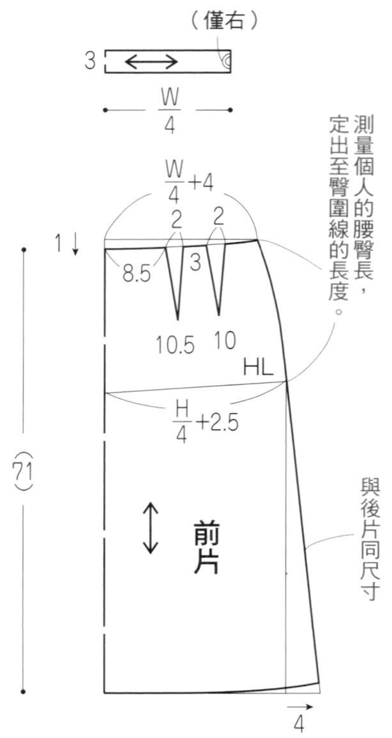

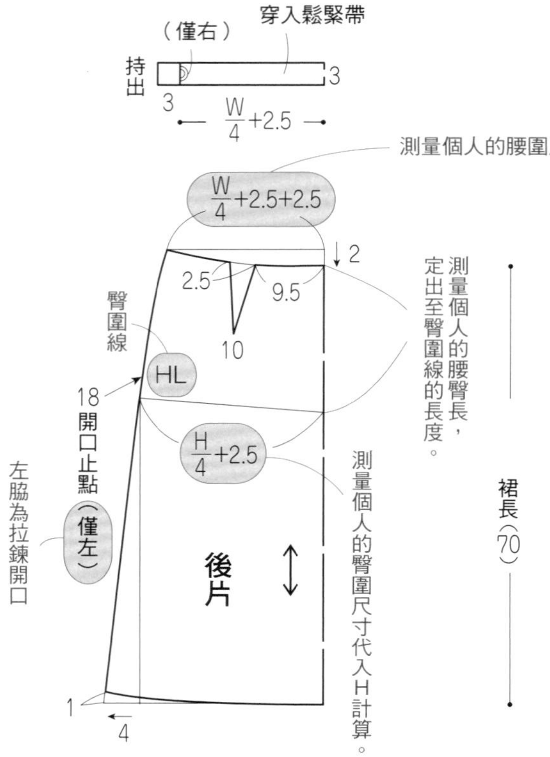

製圖的畫法

1 畫基礎線

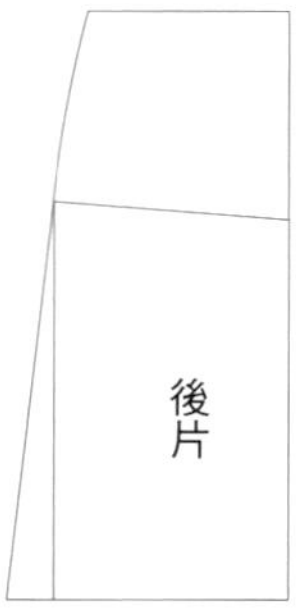

2 畫腰尖褶

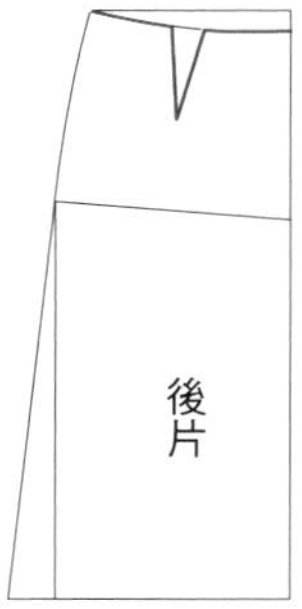

3 畫完成線

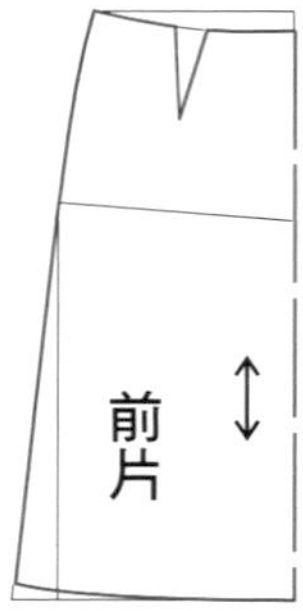

4 依後裙片作法畫前裙片

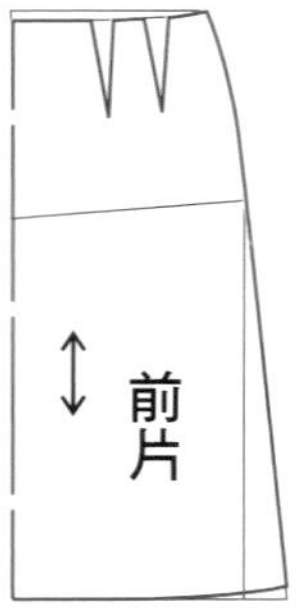

5 畫裙腰帶

5 看懂褲子製圖

褲子的製圖順序
1. 前褲片
2. 後褲片
3. 褲腰帶等配件

褲子的製圖從股上部分開始畫，以臀圍尺寸為基準畫輔助線。股下尺寸是測量前褲片的弧線長，等尺寸的畫出後股下線。

腰圍與臀圍的計算公式

$$\frac{W}{4} + 2 + 2.5 \pm 1$$

$\frac{W}{4}$：腰圍÷4　2：鬆份　2.5：尖褶份、細褶份　1：前後差

Lesson 1 看懂褲子製圖 ～直接製圖～

前褲片在右側、後褲片在左側進行製圖。完成後，前後褲片的股圍線都朝向外側。

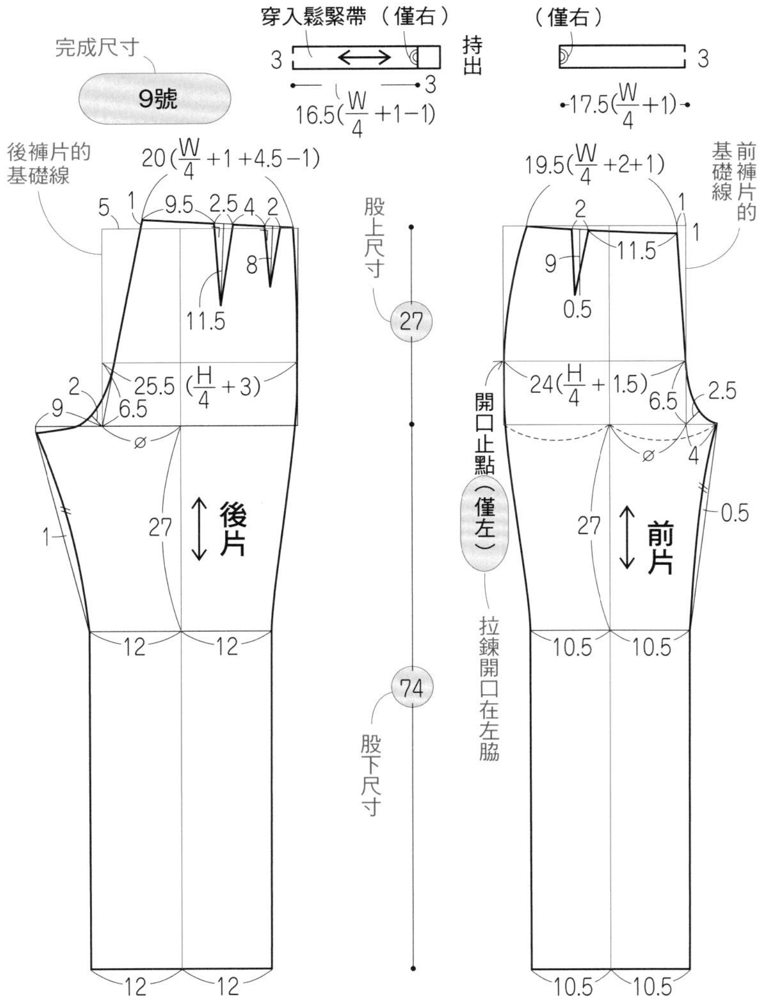

製圖的畫法

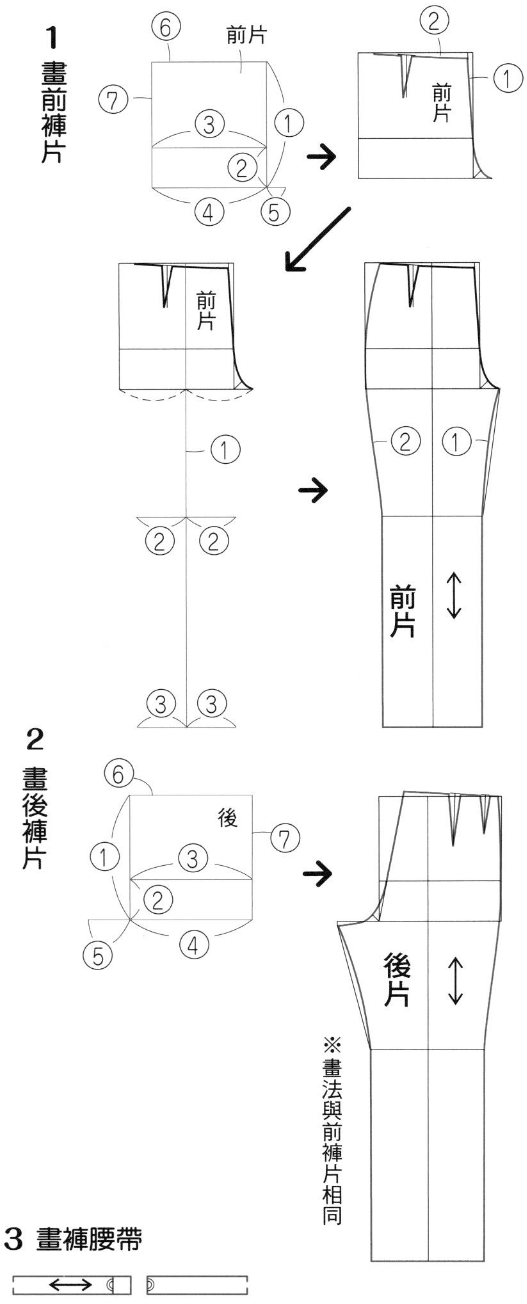

Lesson 2

看懂褲子製圖 ~文化式~

前褲片在右側、後褲片在左側進行製圖。畫好前褲片後，複寫基礎線（—）來畫後褲片。

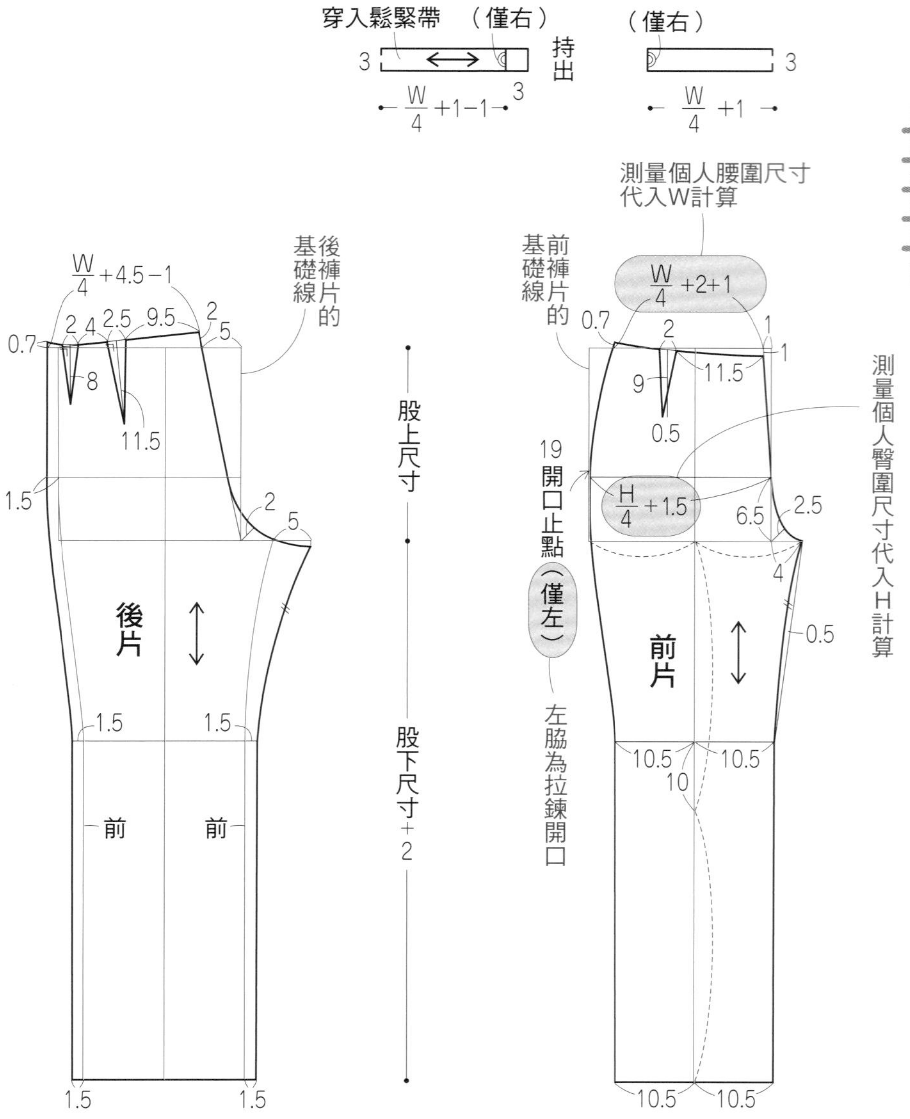

畫法

1 畫前褲片

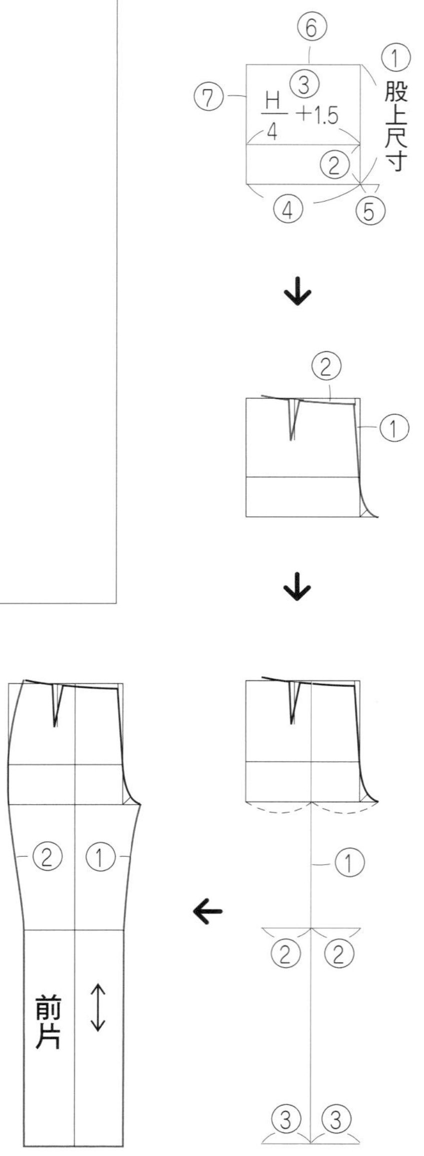

2 複寫前褲片的基礎線

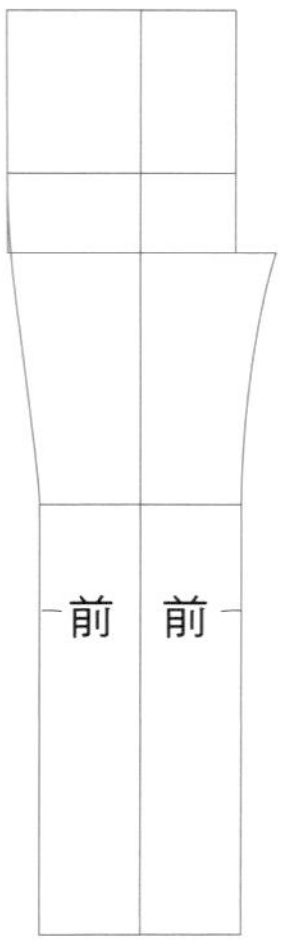

3 畫後褲片

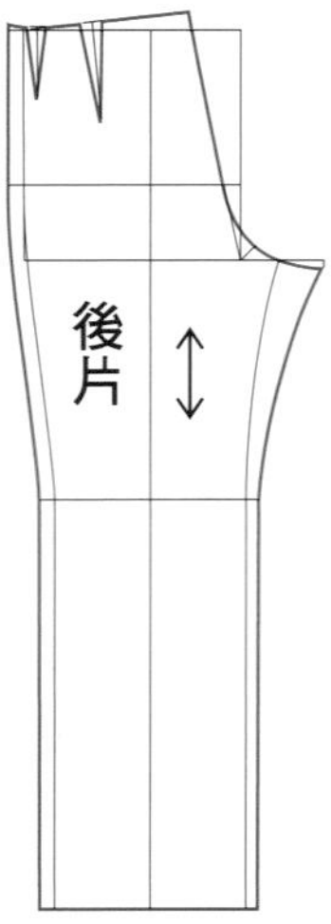

4 畫褲腰帶

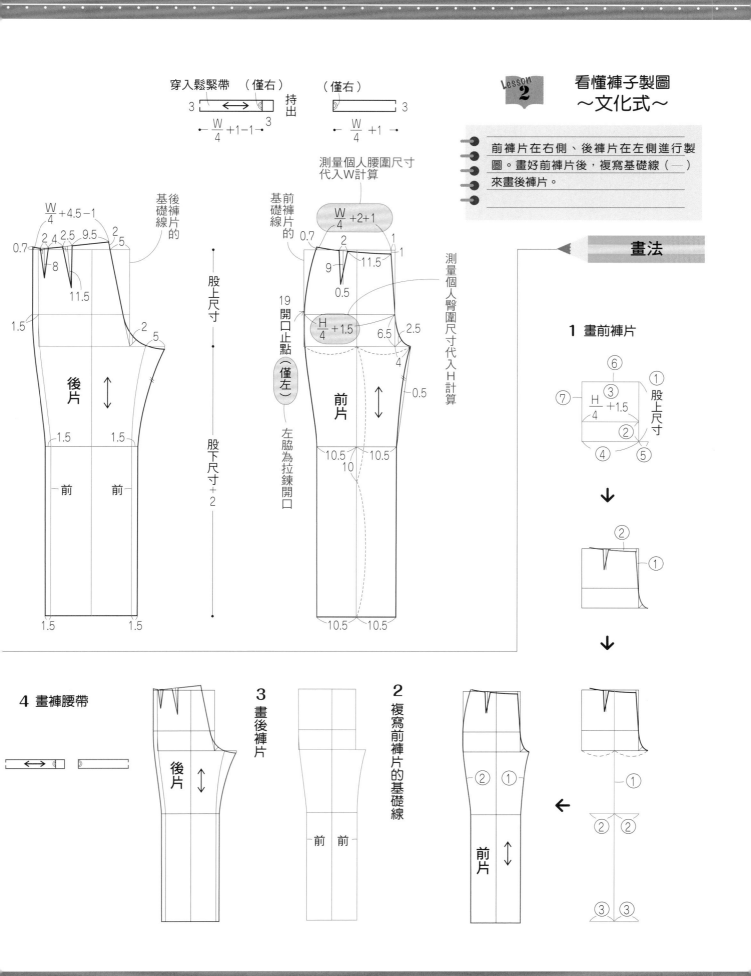

Lesson 3

看懂褲子製圖 ～登麗美式～

前褲片在左側、後褲片在右側進行製圖。畫好前褲片後，複寫基礎線（—）來畫後褲片。

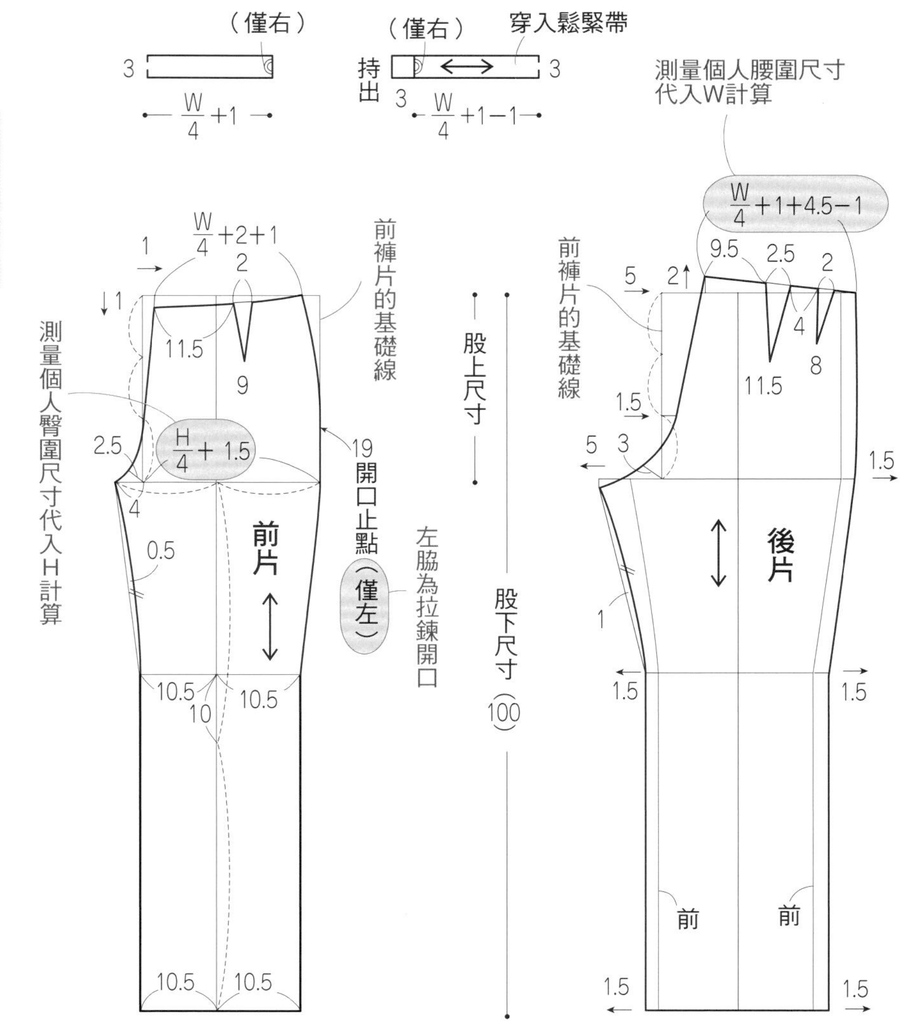

製圖的畫法

1 畫前褲片

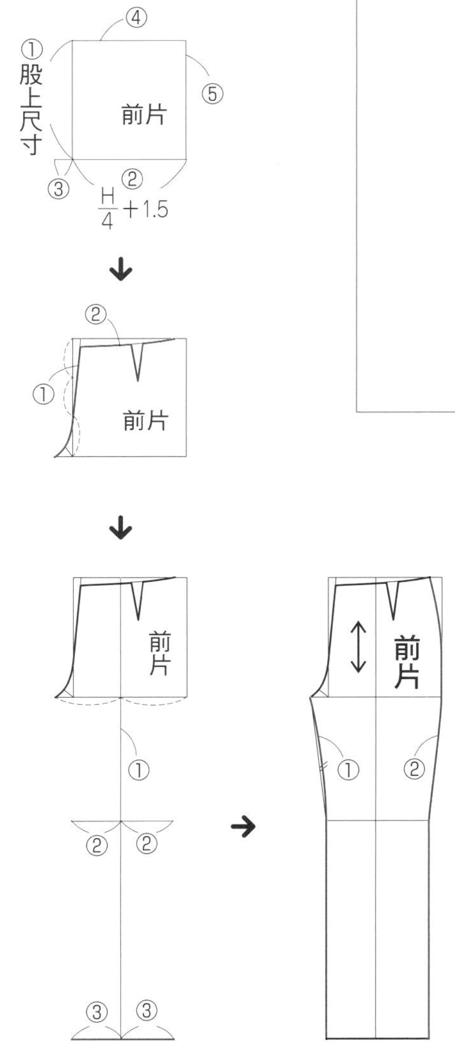

2 複寫前褲片的基礎線

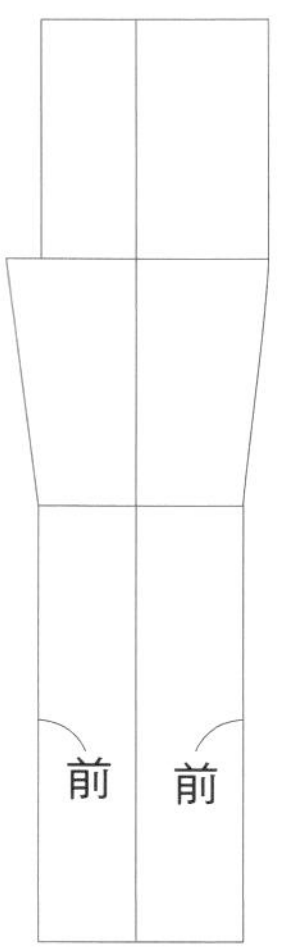

3 畫後褲片

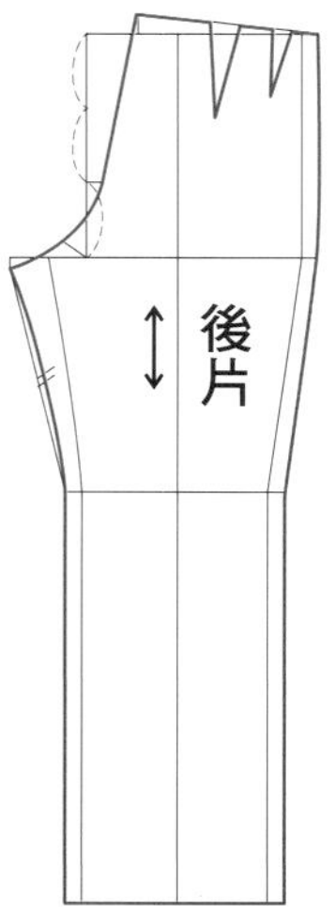

4 畫褲腰帶

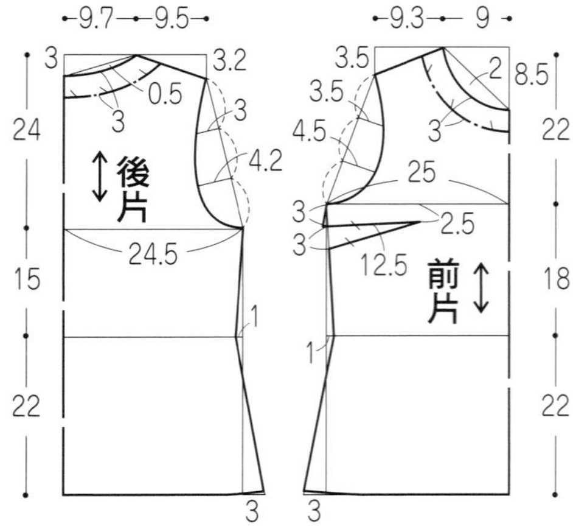

1 練習畫衣身

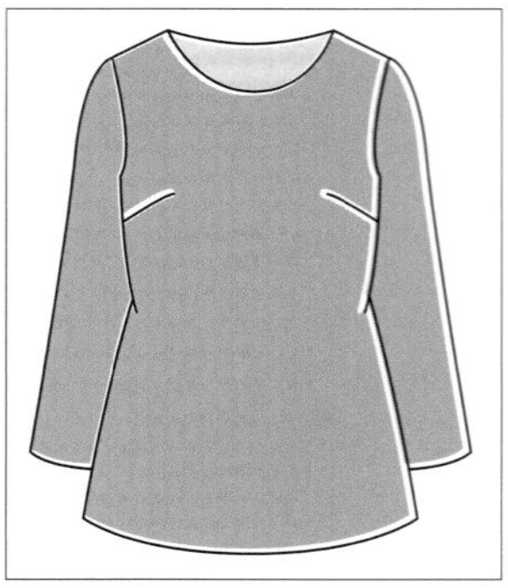

Lesson 1 衣身的畫法 ～直接製圖～

衣身製圖是從後中心開始畫。水平垂直的畫輔助線，再描畫完成線。

製圖的畫法

1 畫後片的輔助線

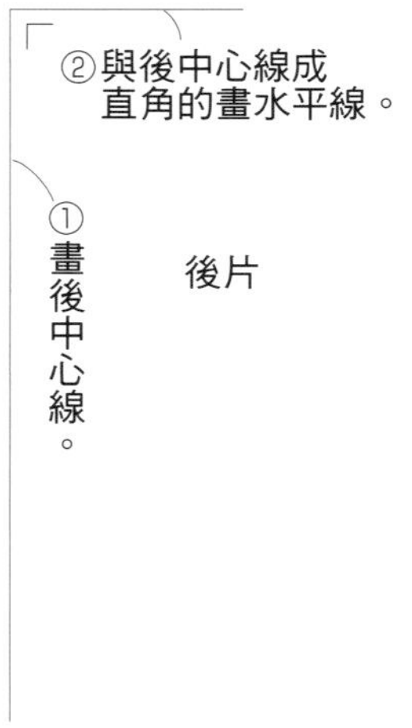

②與後中心線成直角的畫水平線。
①畫後中心線。
後片

2 畫胸圍線與腰圍線

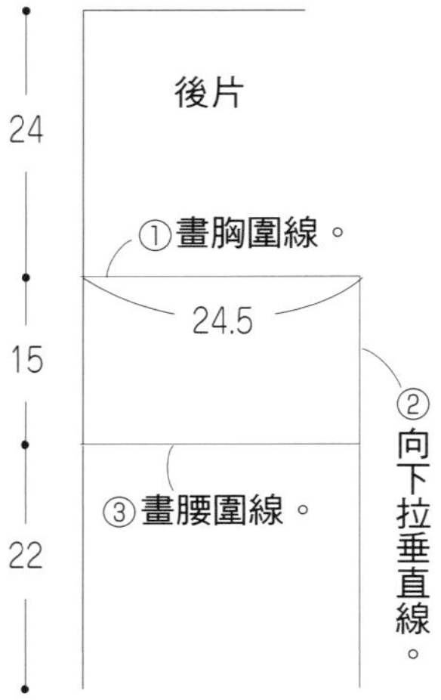

3 畫肩線與領圍的輔助線

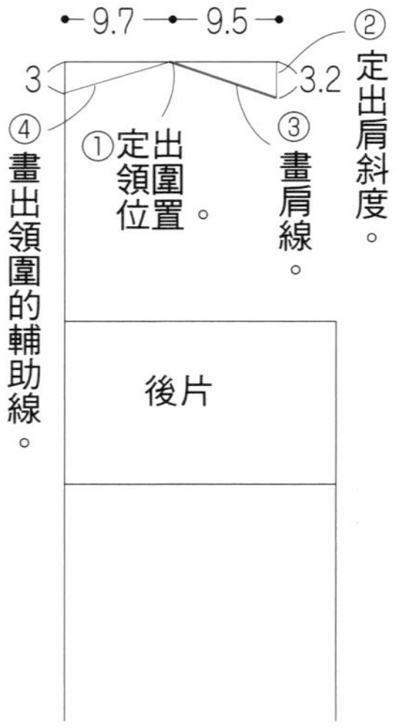

4 畫領圍線

5 畫接袖線的輔助線

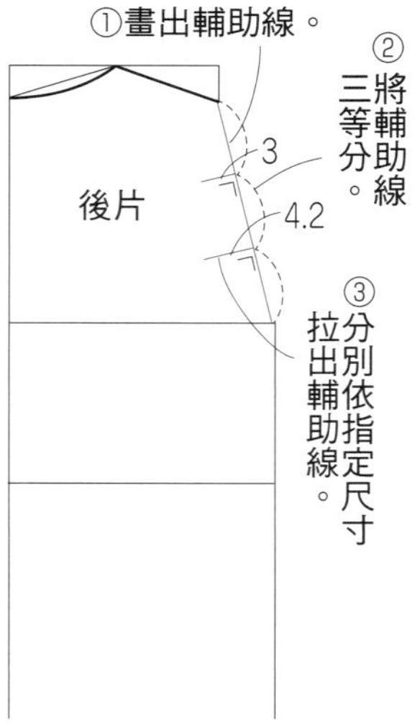

6 畫袖襱線

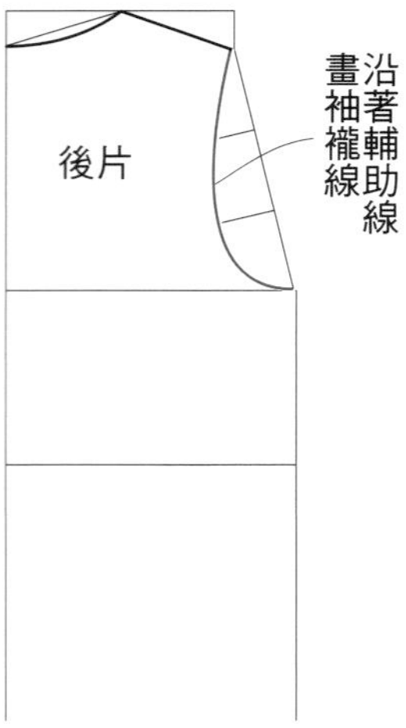

7 決定下襬寬度並畫脇線

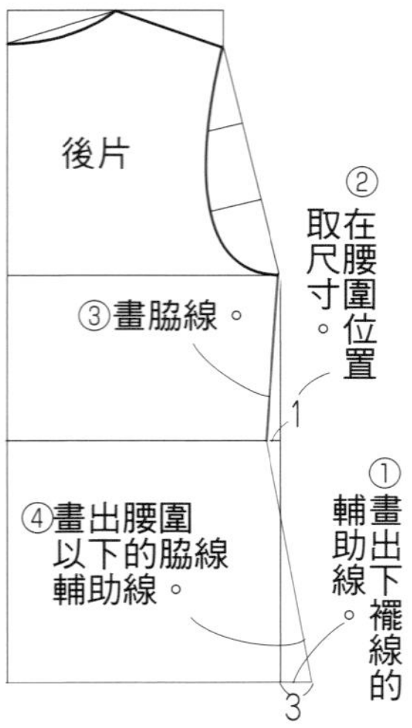

後片
②在腰圍位置取尺寸。
③畫脇線。
1
④畫出腰圍以下的脇線輔助線。
①畫出下襬線的輔助線。
3

8 畫完成線與貼邊線

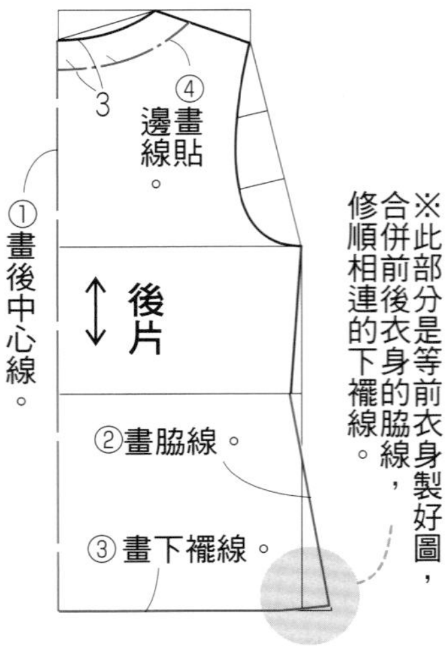

9 畫前衣身的輔助線

②與前中心線垂直拉出水平線。
①畫前中心線。
前片

10 畫胸圍線與腰圍線

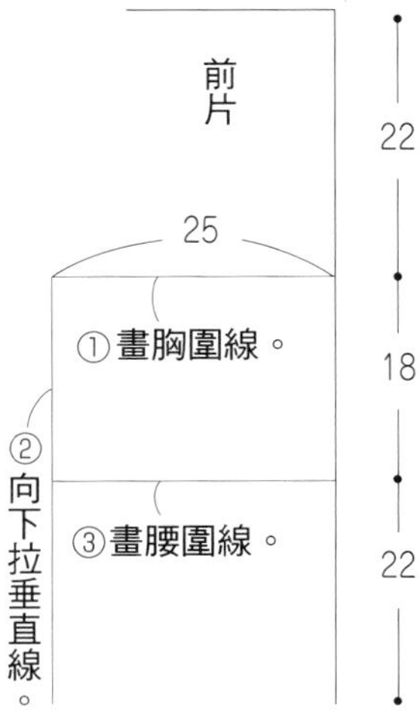

11 畫肩線與領圍的輔助線

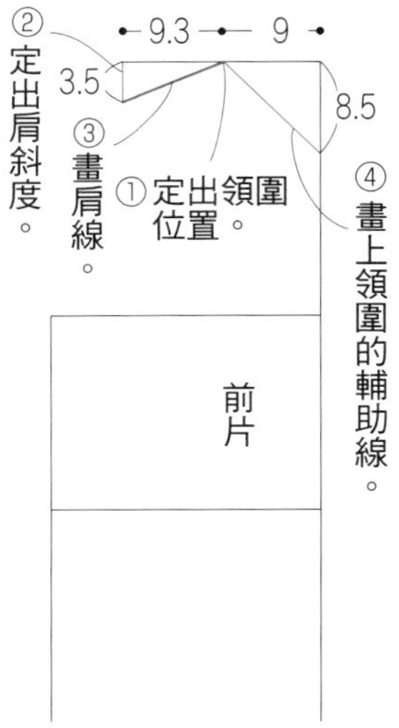

12 畫領圍線

13 畫接袖線的輔助線

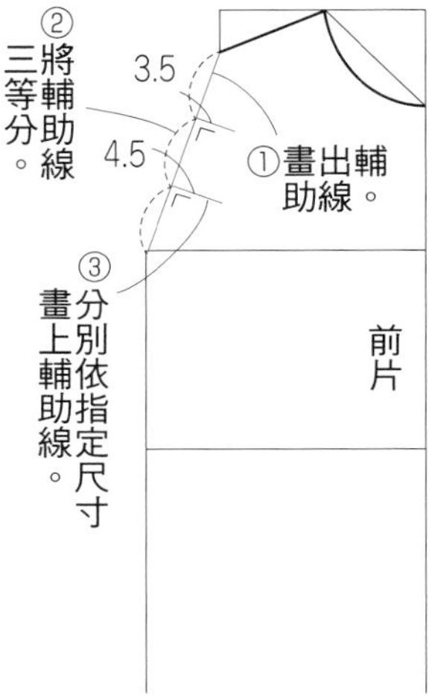

②將三等分。輔助線
3.5
4.5
①畫出輔助線。
③分別依指定尺寸畫上輔助線。
前片

14 畫袖襱線

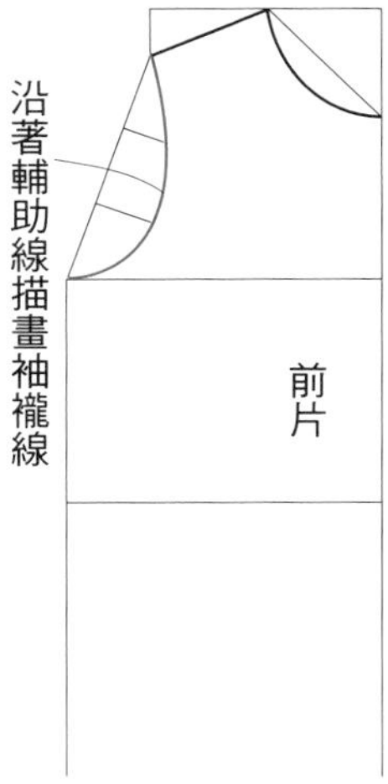

15 決定衣寬並畫脇線

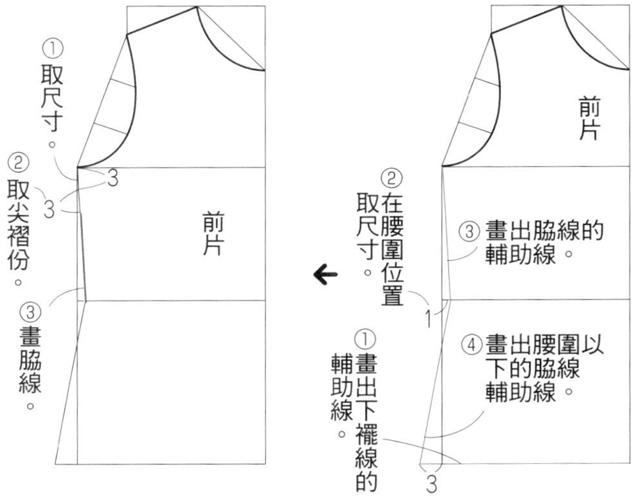

前片
②在腰圍位置取尺寸。
③畫出脇線的輔助線。
1
④畫出腰圍以下的脇線輔助線。
①畫出下襬線的輔助線。
3
①取尺寸。
②取尖褶份。
3
3
③畫脇線。
前片

16 畫脇尖褶

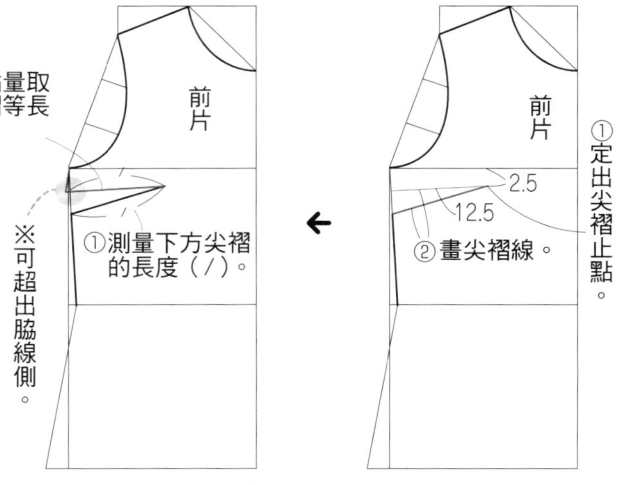

前片
①定出尖褶止點。
2.5
12.5
②畫尖褶線。
前片
②自尖褶止點量取與下方尖褶等長的尺寸。
①測量下方尖褶的長度（/）。
※可超出脇線側。

17 畫完成線與貼邊線

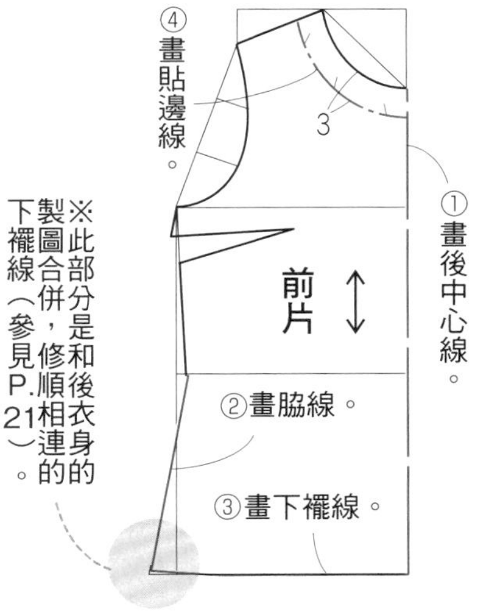

Lesson 2 衣身的畫法 ~文化式~

首先，複寫文化式的原型。定出前衣身的肩線後開始畫後衣身。文化式與登麗美式的脇線取法不同，文化式是測量後脇線，於前衣身處理「前後差」。

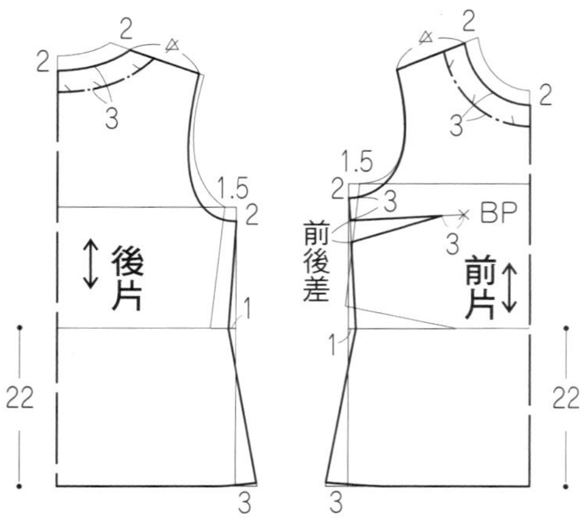

製圖的畫法

1 定出前肩線

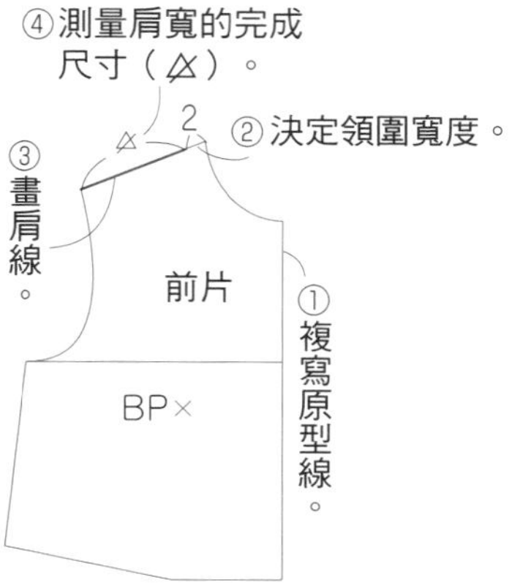

④測量肩寬的完成尺寸（⧍）。
2
②決定領圍寬度。
③畫肩線。
前片
BP×
①複寫原型線。

2 畫後領圍線

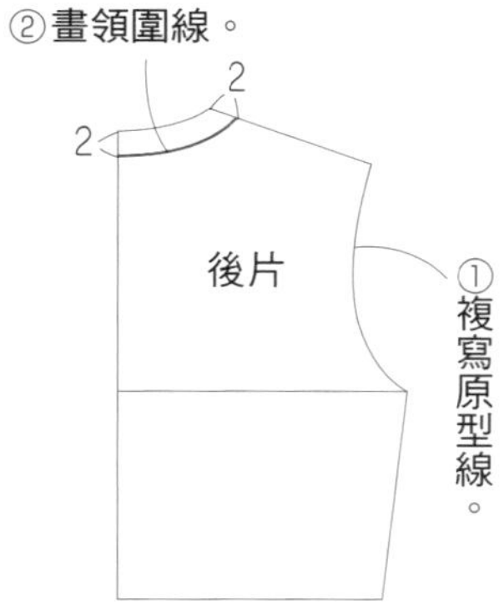

3 畫後肩線

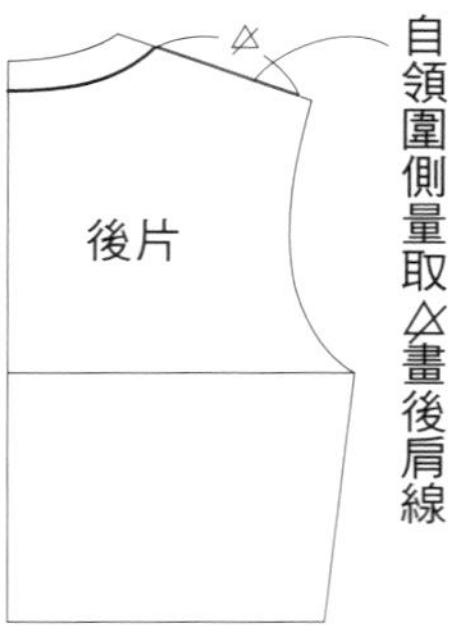

4 決定衣長與衣寬

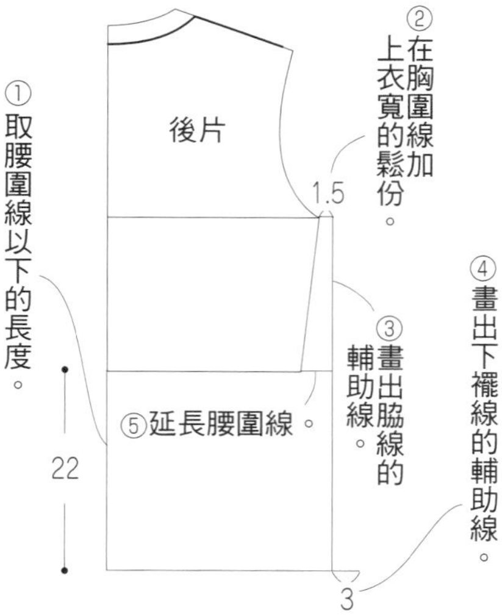

①取腰圍線以下的長度。
後片
②在胸圍線加上衣寬的鬆份。
1.5
③畫出脇線的輔助線。
④畫出下襬線的輔助線。
⑤延長腰圍線。
22
3

5 畫袖襱線與脇線

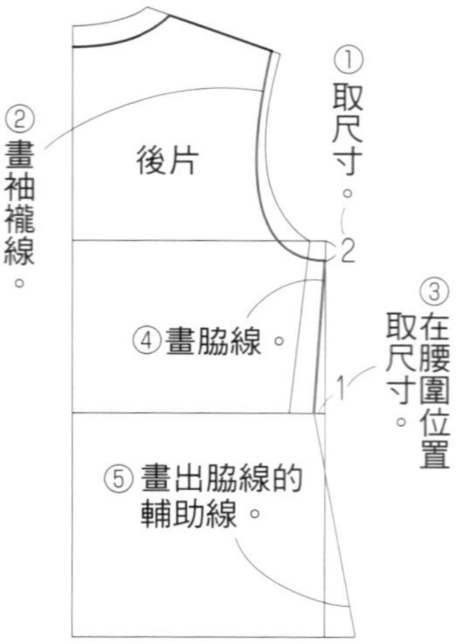

6 畫完成線與貼邊線

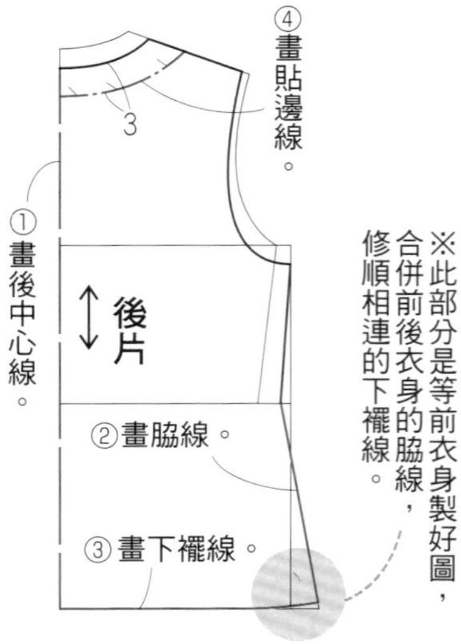

7 測量後脇長度

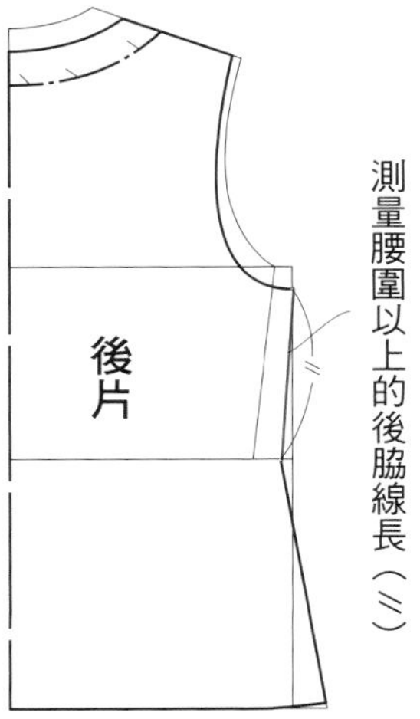

8 畫前領圍線

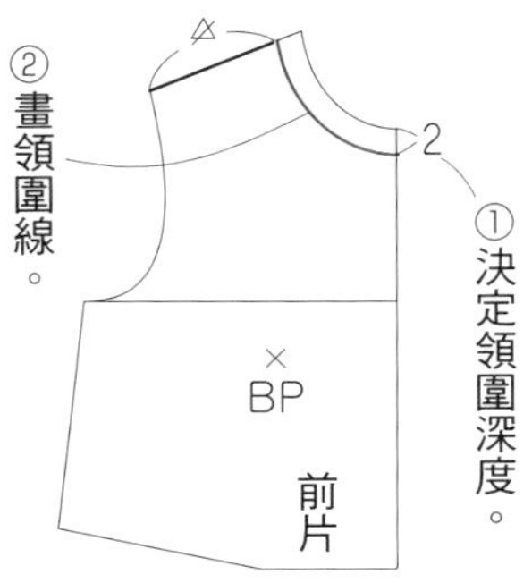

9 決定衣長與衣寬

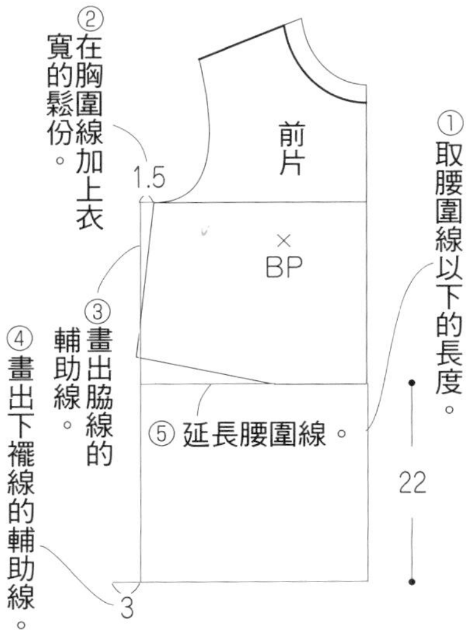

①取腰圍線以下的長度。
②在胸圍線加上衣寬的鬆份。
③畫出脇線的輔助線。
④畫出下襬線的輔助線。
⑤延長腰圍線。
1.5
前片
BP
22
3

10 畫袖襱線與脇線

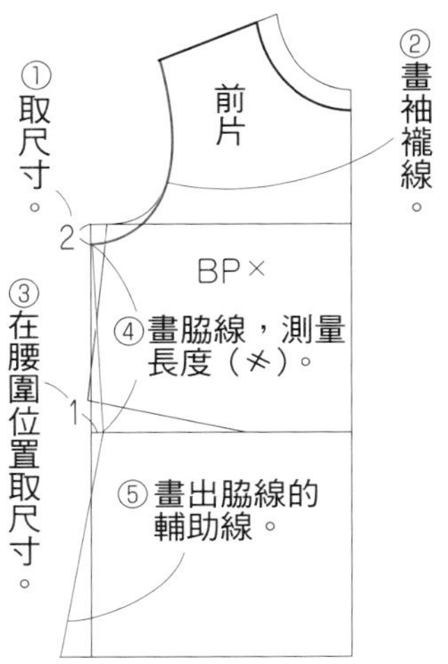

①取尺寸。
②畫袖襱線。
③在腰圍位置取尺寸。
④畫脇線，測量長度（≠）。
⑤畫出脇線的輔助線。
前片
BP
2
1

11 取前後差

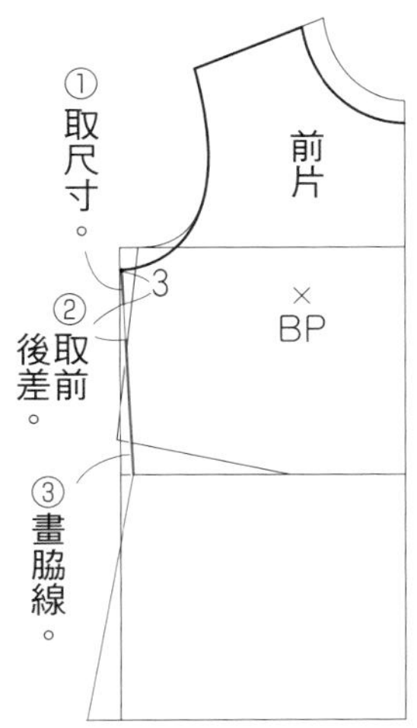

求出前後差的方法

前後差=前脇線長（≠）－後脇線長（≈）

前後差依原型的尺寸與製圖而異。腰圍位置固定的製圖是測量腰圍以上的脇線來求前後差。

12 畫脇尖褶

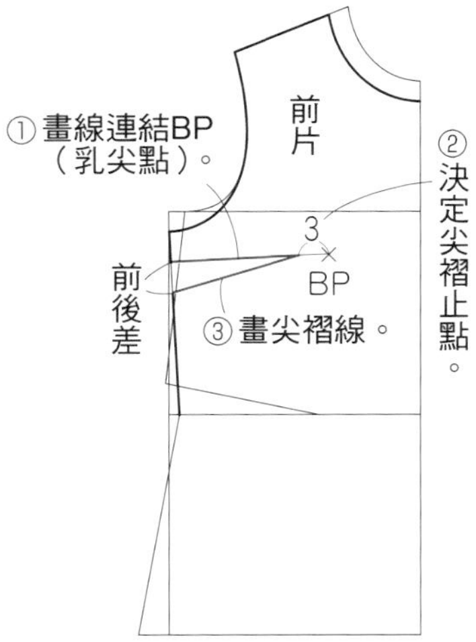

13 畫完成線與貼邊線

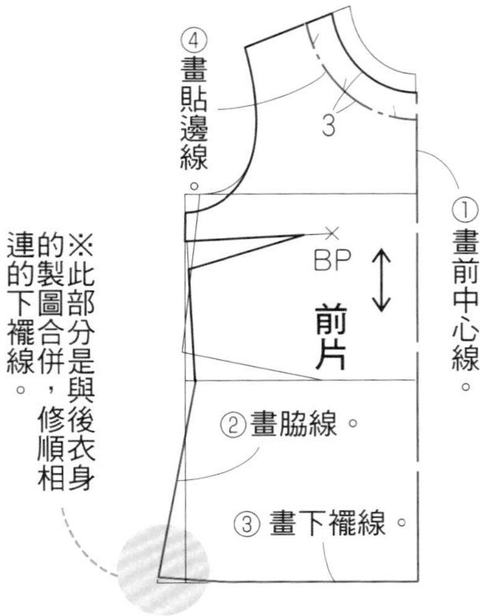

下襬線的修正方式

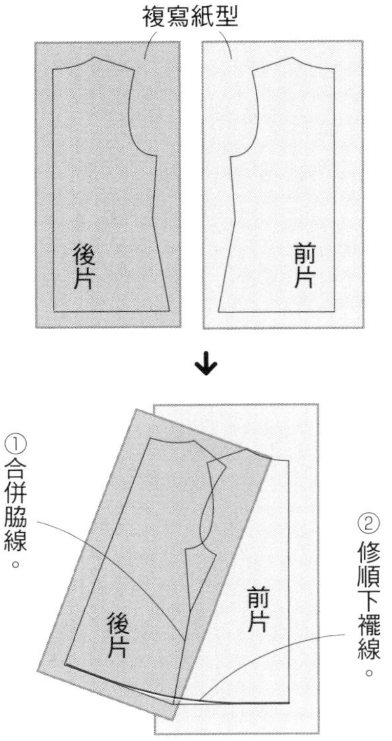

Lesson 3 衣身的畫法～登麗美式～

首先，複寫登麗美式的原型，從後衣身開始畫。文化式與登麗美式的脇線取法不同，登麗美式是測量後脇長，於前衣身取「後脇長＋尖褶份」。

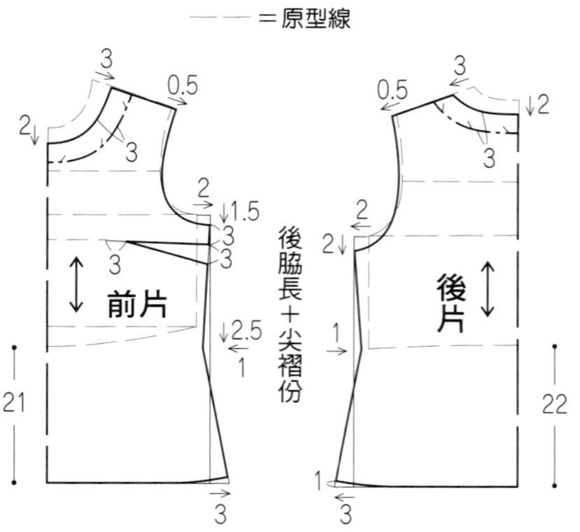

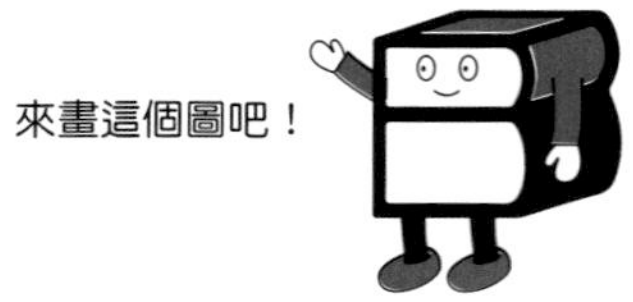

製圖的畫法

1 畫後領圍線

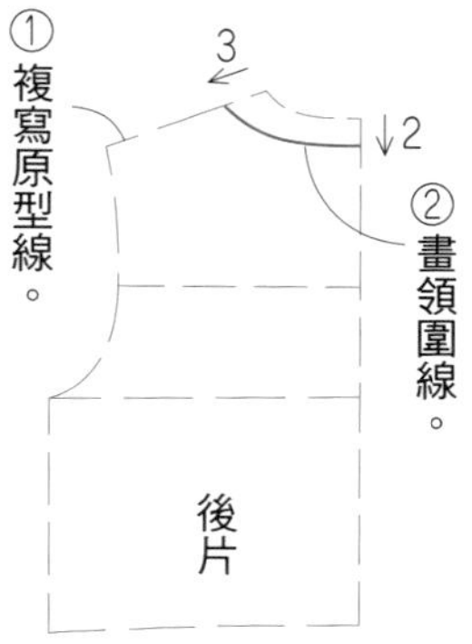

2 畫後肩線

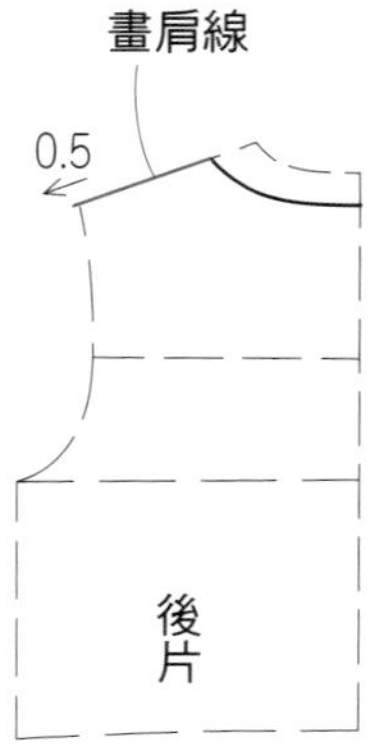

3 決定衣長與衣寬

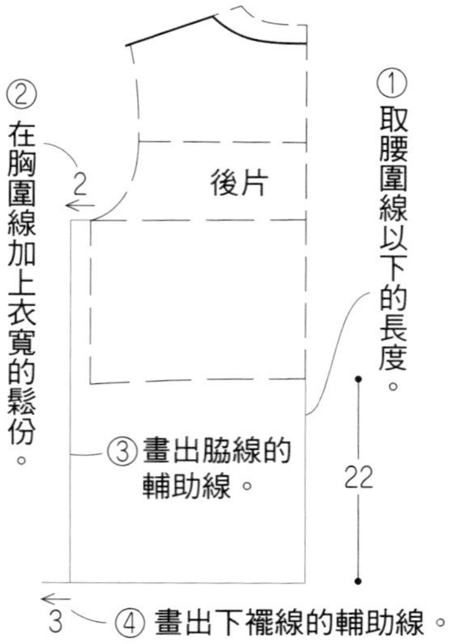

①取腰圍線以下的長度。
②在胸圍線加上衣寬的鬆份。
2
後片
③畫出脇線的輔助線。
22
3
④畫出下襬線的輔助線。

4 畫袖襱線與脇線

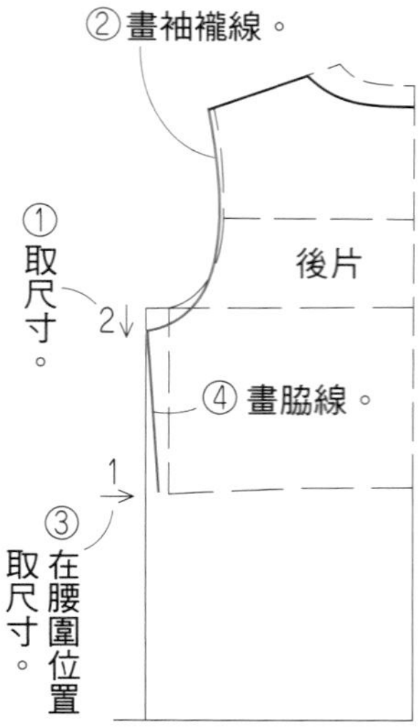

5 畫完成線與貼邊線

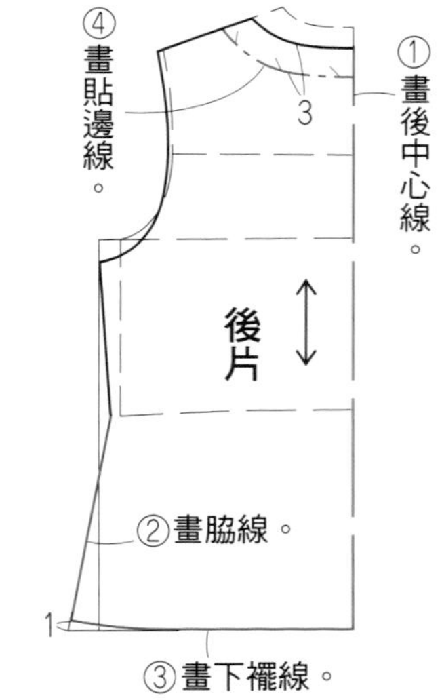

6 測量後脇長

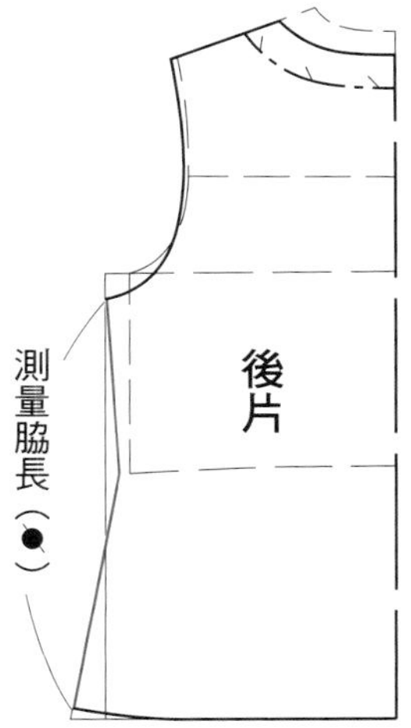

7 畫前領圍線

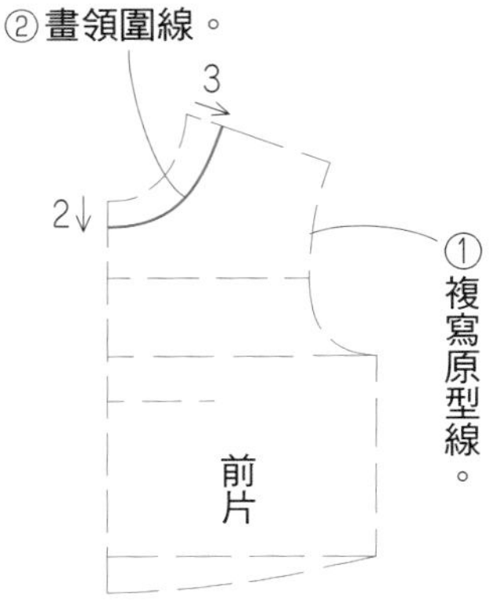

8 畫前肩線

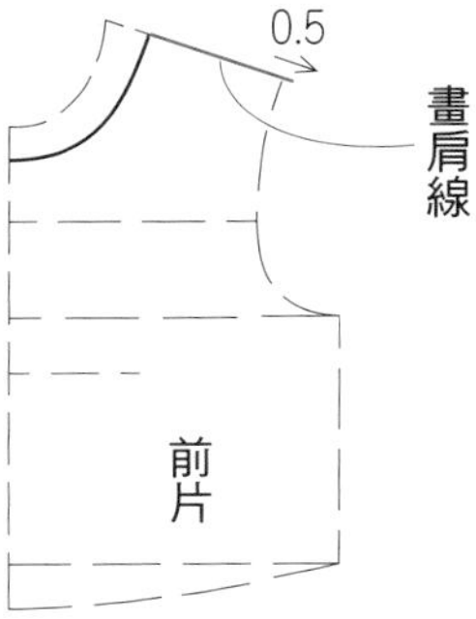

9 決定衣長與衣寬

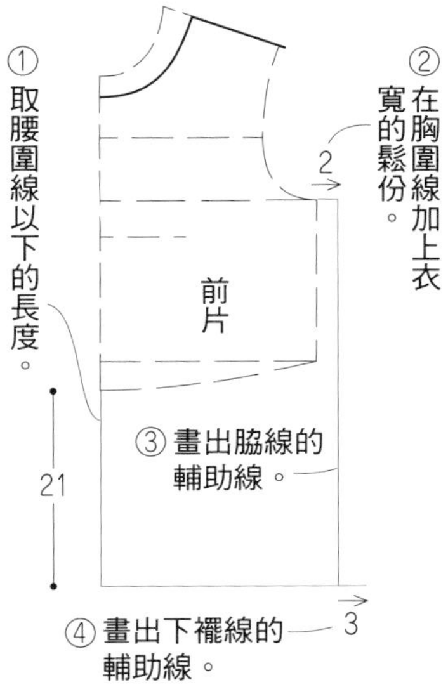

①取腰圍線以下的長度。
②在胸圍線加上衣寬的鬆份。
2
前片
③畫出脇線的輔助線。
21
④畫出下襬線的輔助線。
3

10 畫袖襱線與脇線

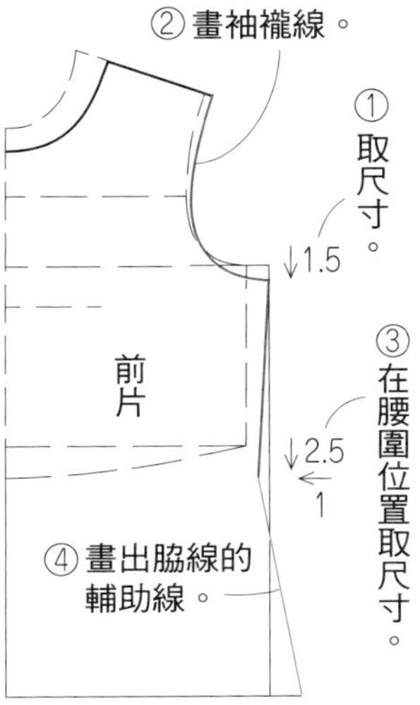

②畫袖襱線。
①取尺寸。
1.5
前片
③在腰圍位置取尺寸。
2.5
1
④畫出脇線的輔助線。

11 取後脇長＋尖褶份

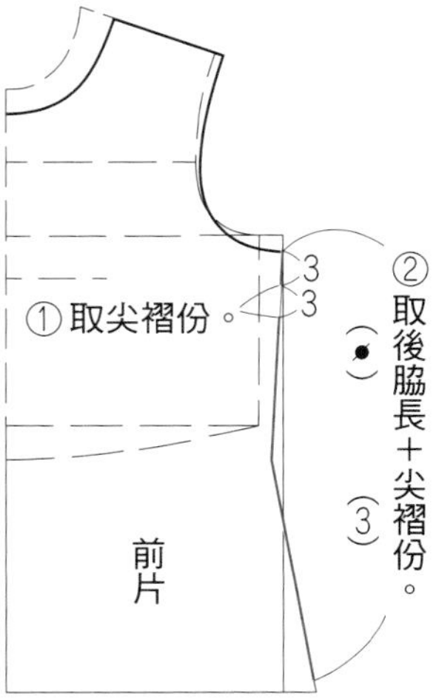

12 畫脇尖褶

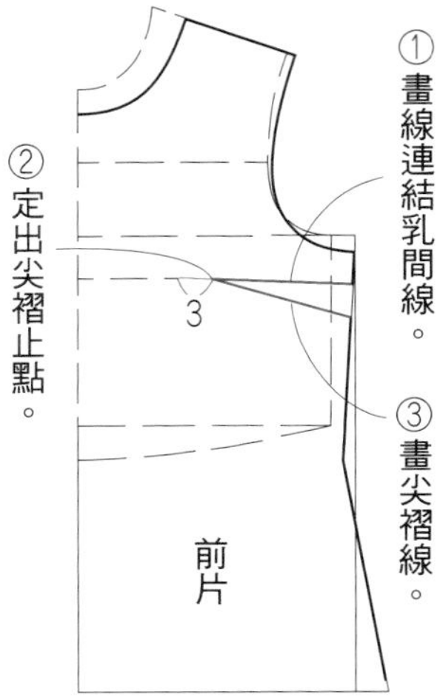

①畫線連結乳間線。
②定出尖褶止點。
3
③畫尖褶線。
前片

13 畫完成線與貼邊線

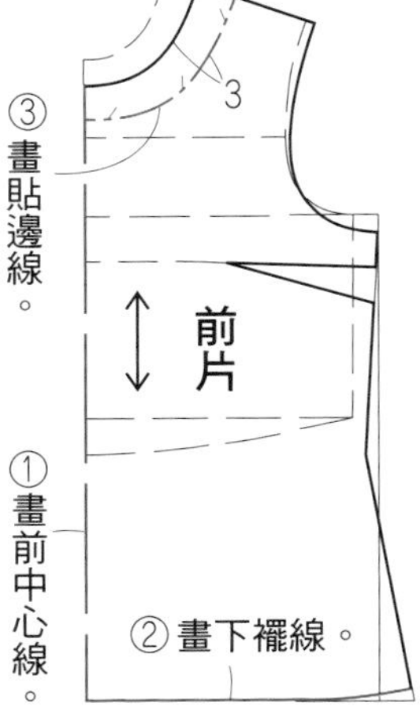

領子

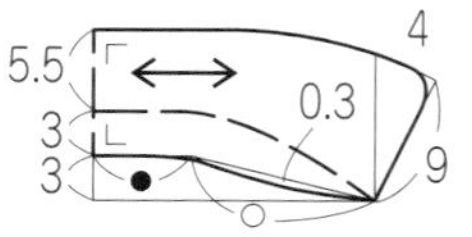

來畫這個吧！

2 練習畫襯衫領

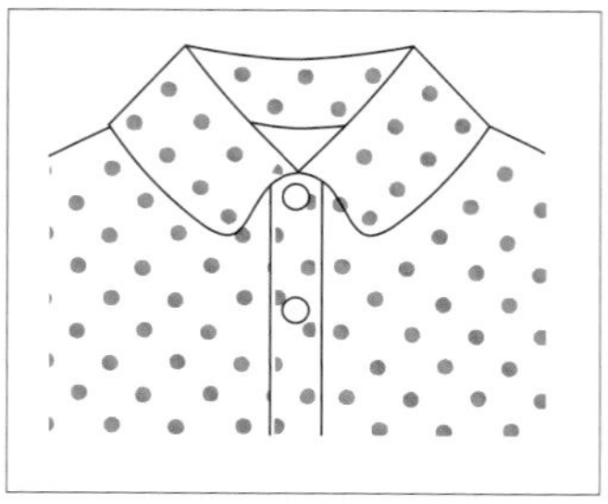

Lesson 1 襯衫領的畫法 ～直接製圖・文化式～

直接製圖與文化式製圖的畫法與順序皆相同，在此一併說明。首先，各自測量衣身的領圍線，製圖時會將後中心放在左側。

製圖的畫法

1 測量衣身的領圍長

文化式

①測量後領圍長（●）。

②測量前領圍長（○）。

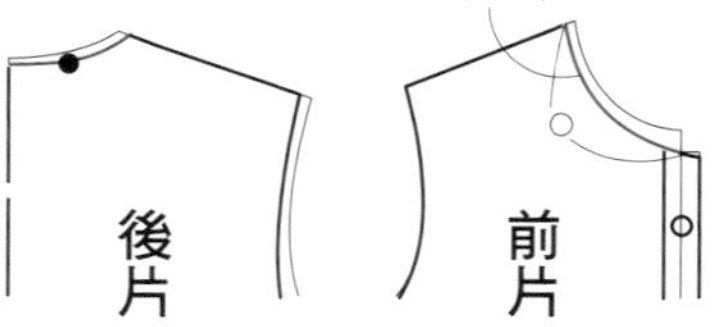

直接製圖

①測量後領圍長（●）。

②測量前領圍長（○）。

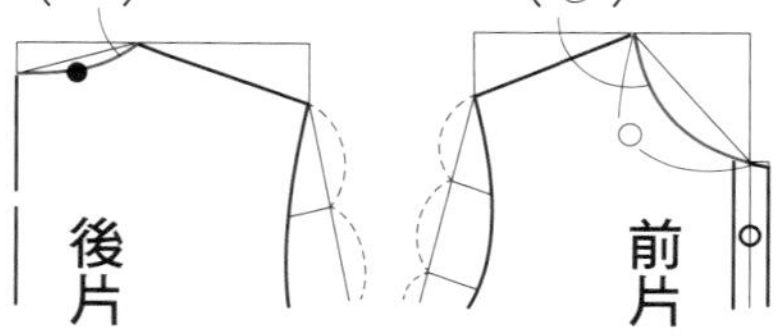

2 畫輔助線

②畫後中心線。

①畫水平線。

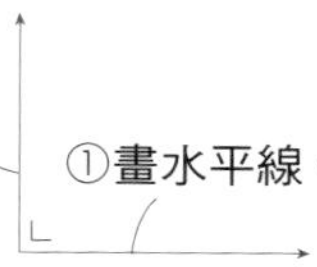

3 畫出接領線的輔助線

①向上取尺寸。

②取後領圍長。

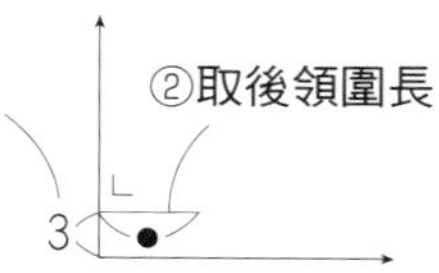

取前領圍長，與輔助線相交的畫斜線。

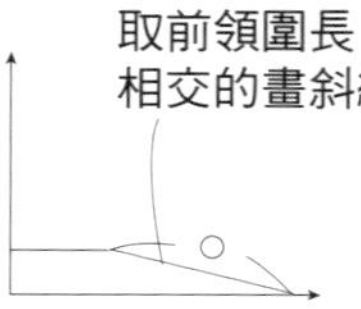

4 畫出弧線的輔助線

與前領圍線平行畫出弧線的輔助線

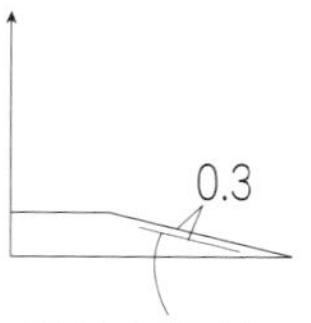

沿著輔助線描畫接領弧線

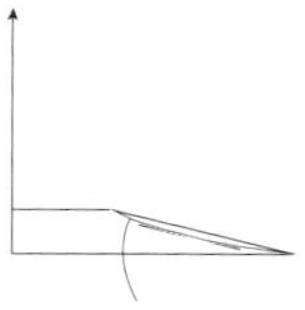

5 畫接領線

描畫可與後領圍線整齊縫合的接領線完成線

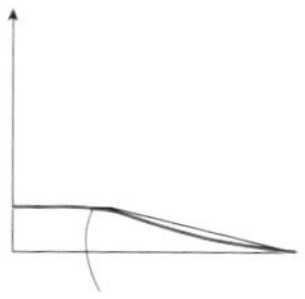

6 畫接領線

①與後中心平行的畫上輔助線。

②再平行畫上決定領尖的輔助線。

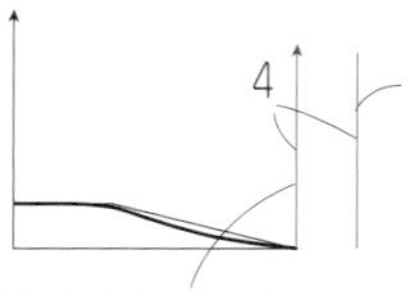

7 畫完成線

於兩輔助線之間畫斜線取領寬

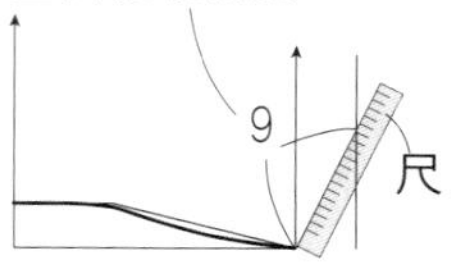

①取領寬。

②畫出領圍線的輔助線。

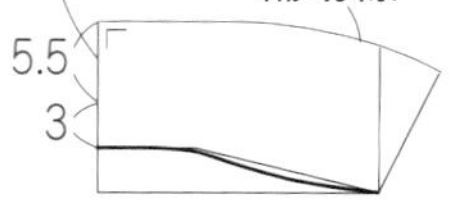

8 畫翻摺線

①畫後中心線。

②描畫領圍線的完成線。

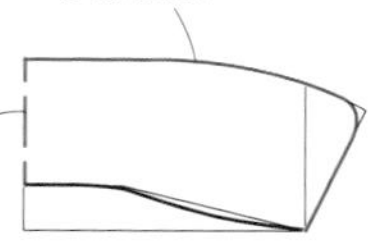

畫出弧度平順的翻摺線

領子

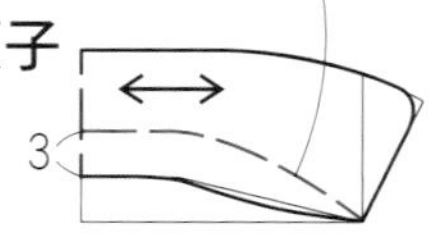

Lesson 2

襯衫領的畫法 ～登麗美式～

登麗美式的領子是將後中心放在右側來畫線製圖。

領子

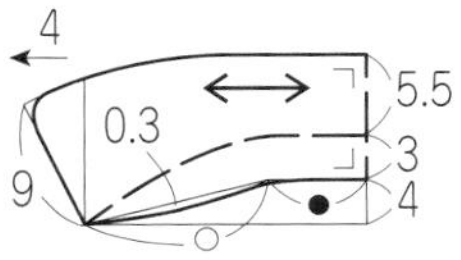

來畫這個圖吧！

製圖的畫法

1 測量衣身的領圍長

②測量前領圍長（○）。

①測量後領圍長（●）。

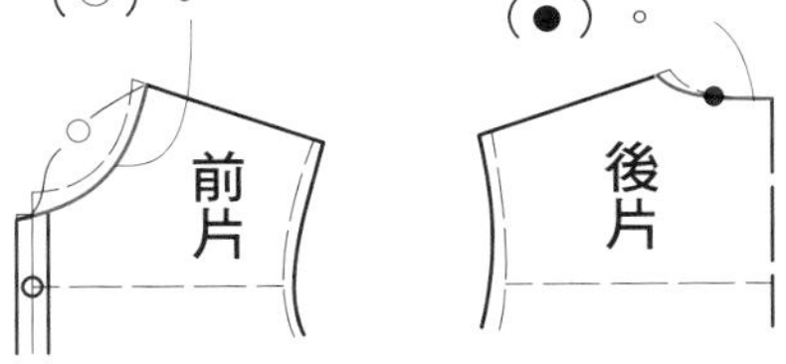

2 畫出輔助線

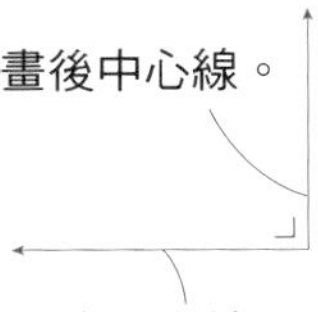

②畫後中心線。

①畫水平線。

3 畫出接領線的輔助線

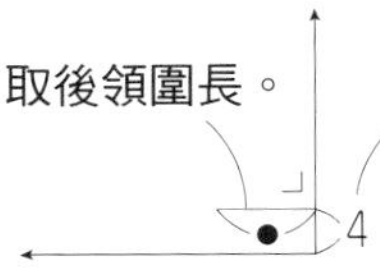

②取後領圍長。

①向上取尺寸。

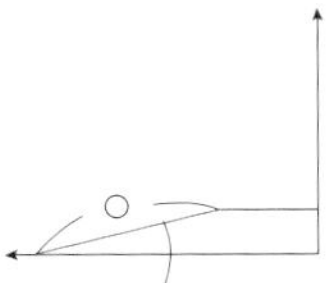

取前領圍長，與輔助線相交的畫斜線。

4 畫出弧線的輔助線

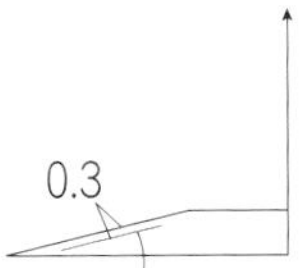

與前領圍線平行畫出弧線的輔助線

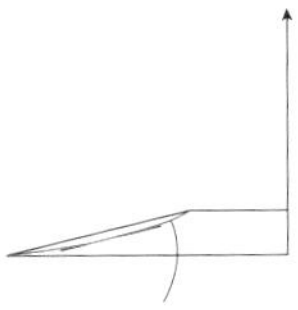

沿著輔助線描畫接領線的弧線

5 畫接領線

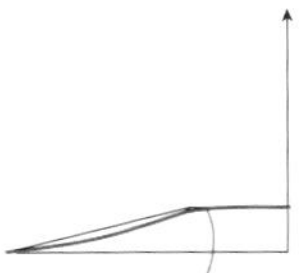

描畫可與後領圍線整齊縫合的接領線完成線

6 畫接領線

①與後中心平行的畫出輔助線。

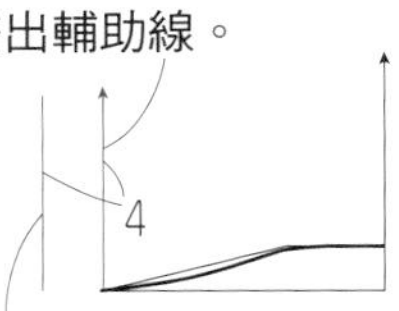

②再平行畫出決定領尖的輔助線。

7 畫完成線

在兩輔助線之間畫斜線取領寬

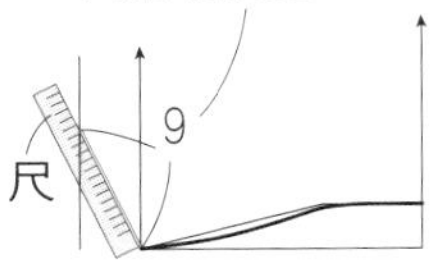

①取領寬。

②畫出領圍線的輔助線。

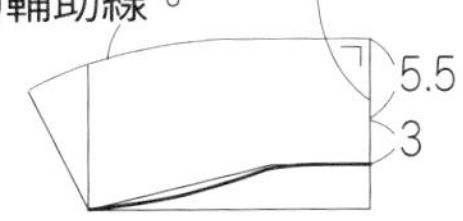

②描畫領圍線的完成線。

①畫後中心線。

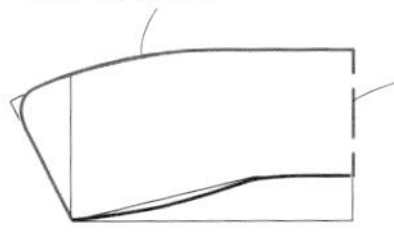

8 畫翻摺線

畫出弧度平順的翻摺線

領子

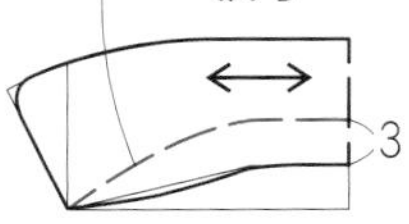

3 練習畫有領台的襯衫領

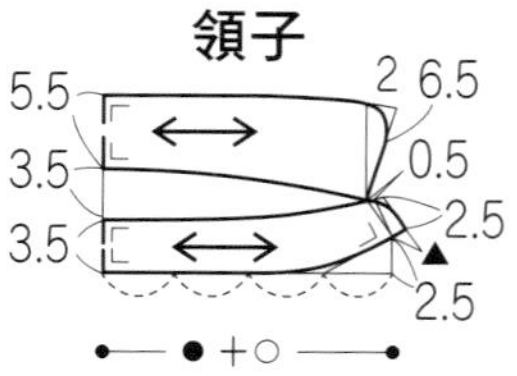
領子
5.5
3.5
3.5
2
6.5
0.5
2.5
▲
2.5
●+○

Lesson 1 有領台襯衫領的畫法 ～直接製圖・文化式～

來畫這個圖吧！

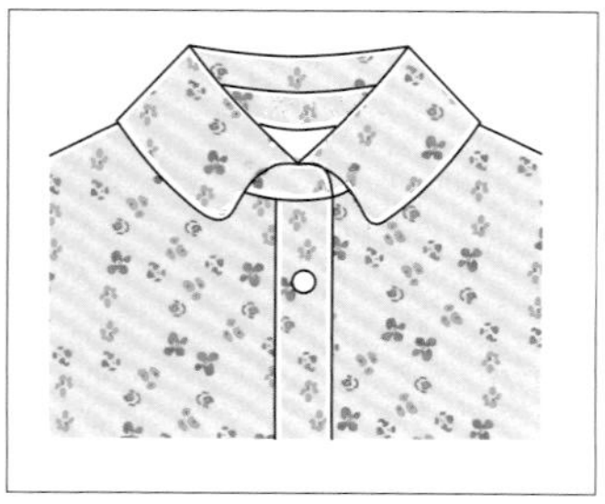

直接製圖與文化式製圖的畫法與順序皆相同，一併說明。首先，各自測量衣身的領圍線，後中心在左側，從領台畫起。

製圖的畫法

1 測量衣身的領圍長

直接製圖

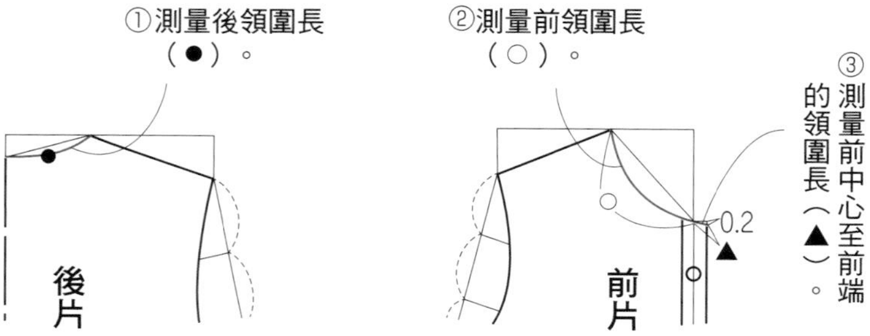
①測量後領圍長（●）。
②測量前領圍長（○）。
③測量前中心至前端的領圍長（▲）。
0.2
後片
前片

文化式

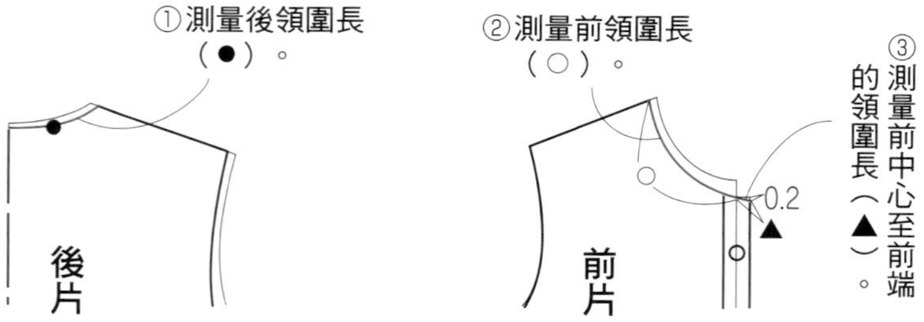
①測量後領圍長（●）。
②測量前領圍長（○）。
③測量前中心至前端的領圍長（▲）。
0.2
後片
前片

2 畫出領台的輔助線

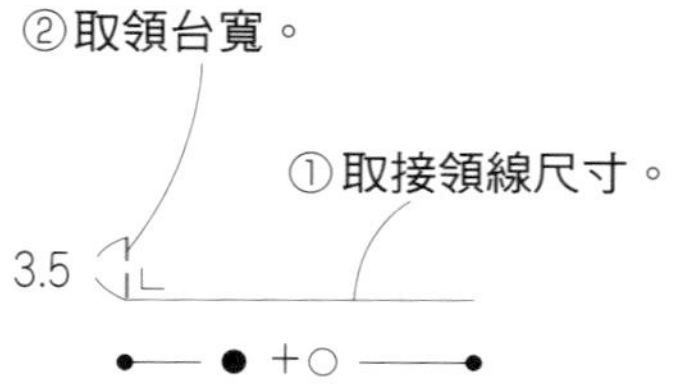
②取領台寬。
①取接領線尺寸。
3.5
●+○

3 畫領台的接領線

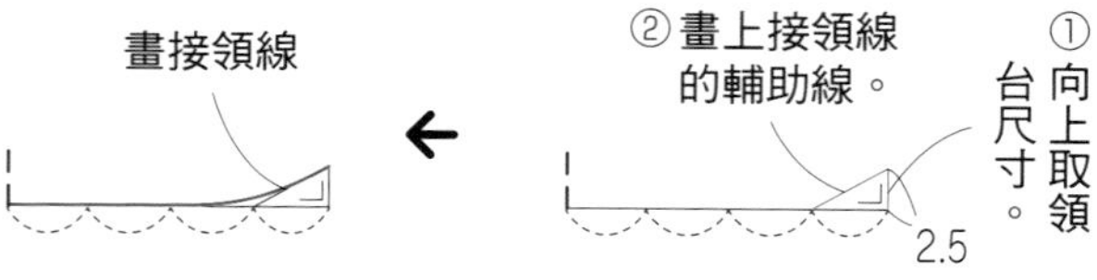
①向上取領台尺寸。
②畫上接領線的輔助線。
2.5
畫接領線

4 畫領台的前中心線

與接領線垂直的畫前中心線
2.5
前中心線往下斜，形成新的前中心線。
0.5

5 畫領台的領尖

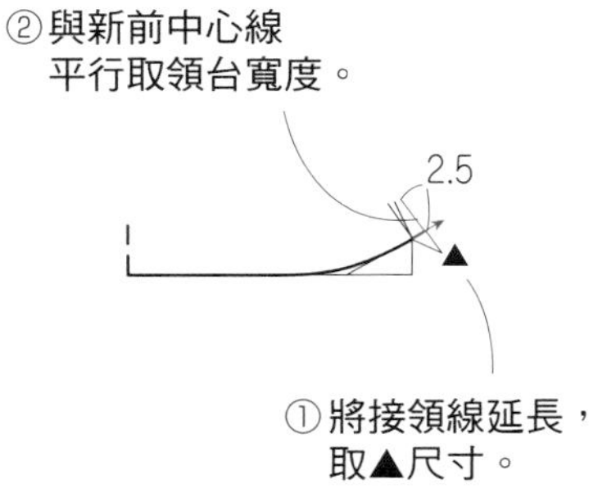

6 畫領台的完成線

7 取上領的領寬

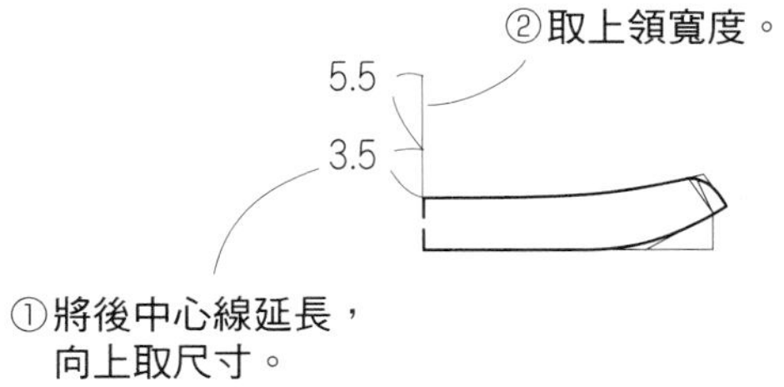

②取上領寬度。
5.5
3.5
①將後中心線延長，
向上取尺寸。

8 畫上領的接領線

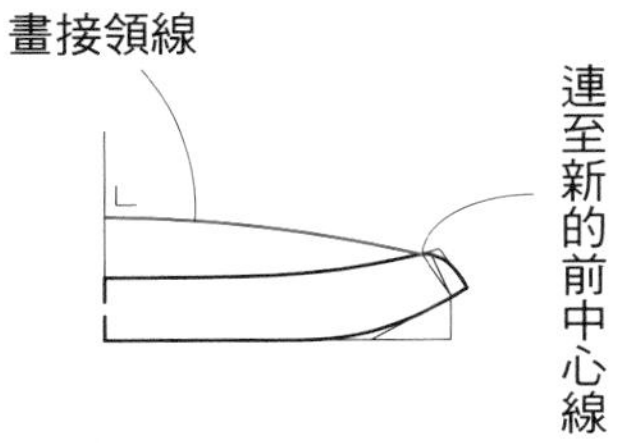

9 決定上領領尖

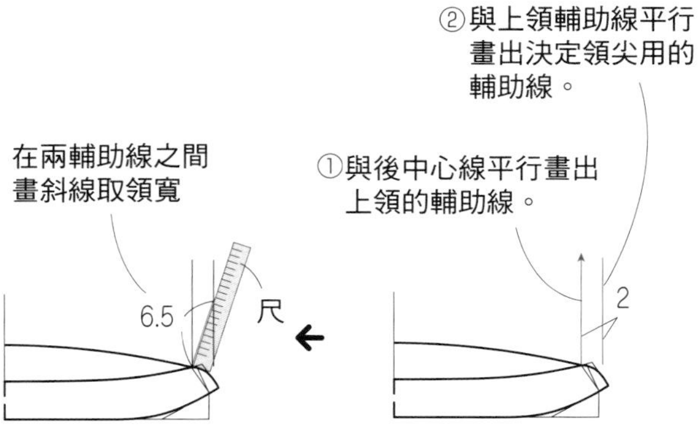

10 畫上領的完成線

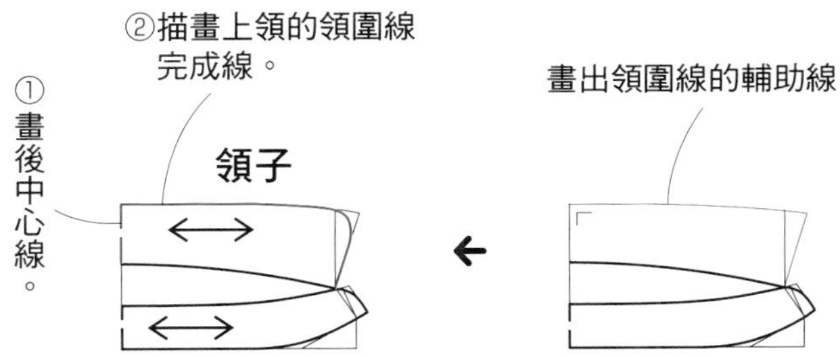

Lesson 2 有領台襯衫領的畫法 ～登麗美式～

登麗美式的領子是將後中心放在右側，從領台開始畫，再配合領台的接領線進行上領的製圖。

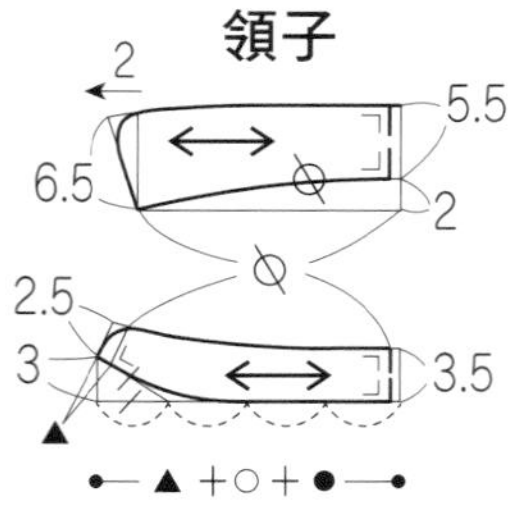

來畫這個圖吧！

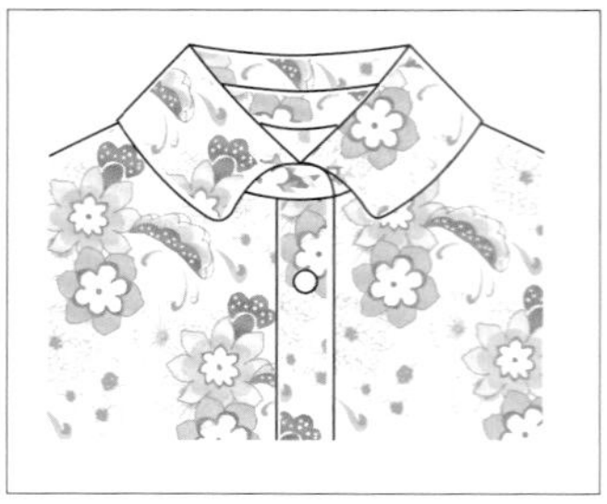

製圖的畫法

1 測量衣身的領圍尺寸

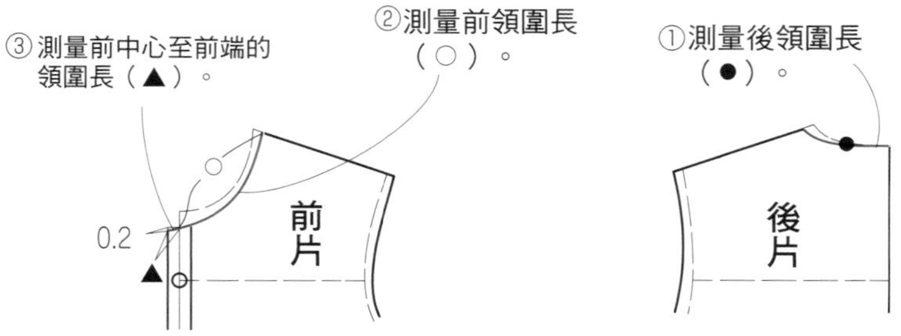

③測量前中心至前端的領圍長（▲）。
②測量前領圍長（○）。
①測量後領圍長（●）。
0.2
前片
後片

2 畫領台的基礎線

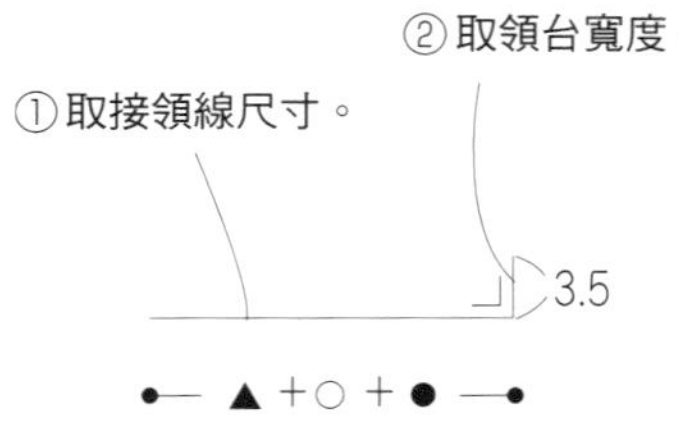

②取領台寬度。
①取接領線尺寸。
3.5
●— ▲ +○ + ● —●

3 畫出領台的輔助線

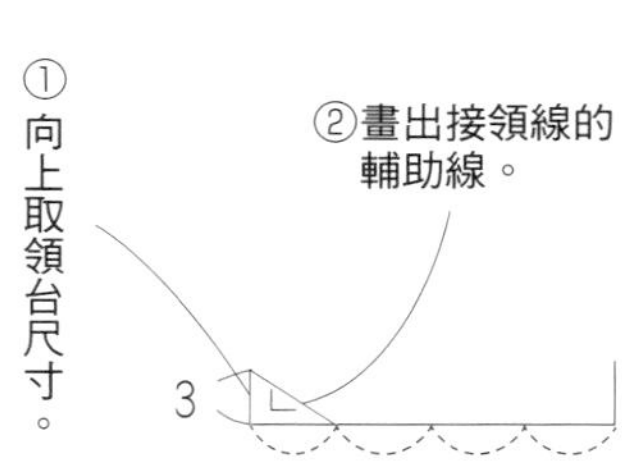

①向上取領台尺寸。
②畫出接領線的輔助線。
3

4 畫出領台的接領線

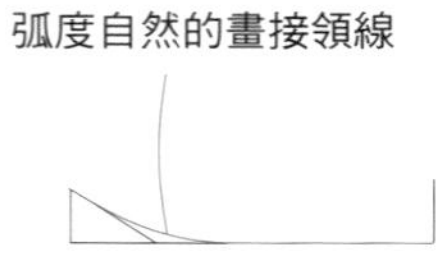

弧度自然的畫接領線

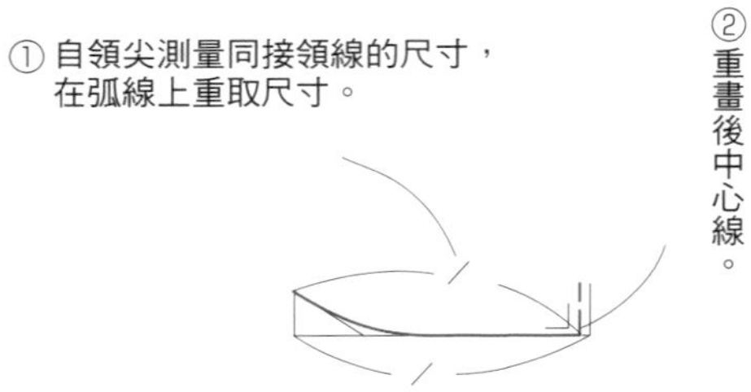

①自領尖測量同接領線的尺寸，在弧線上重取尺寸。
②重畫後中心線。

5 畫出領台完成線的輔助線

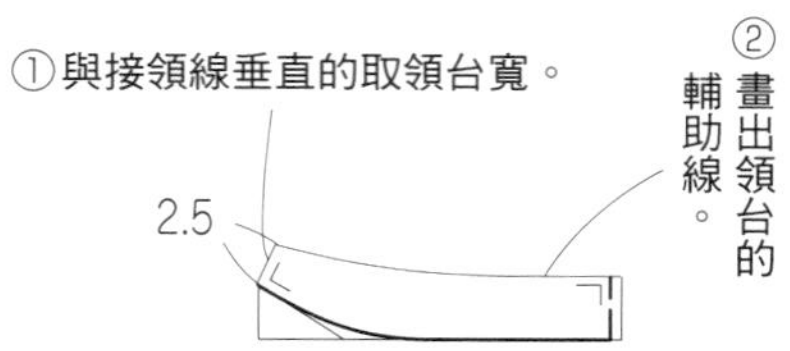

①與接領線垂直的取領台寬。
②畫出領台的輔助線。
2.5

6 畫領台的前中心線

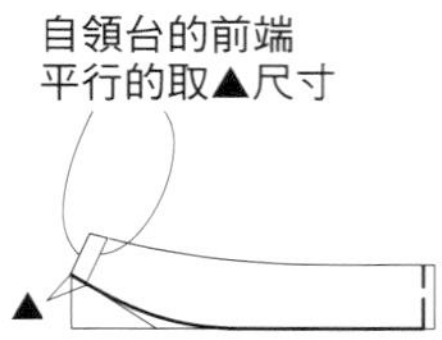

7 畫領台的完成線

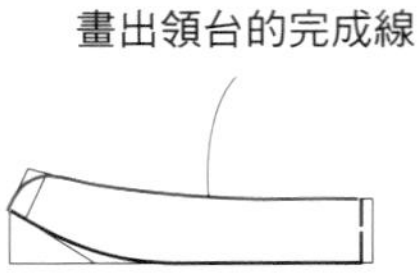

8 畫出上領的輔助線

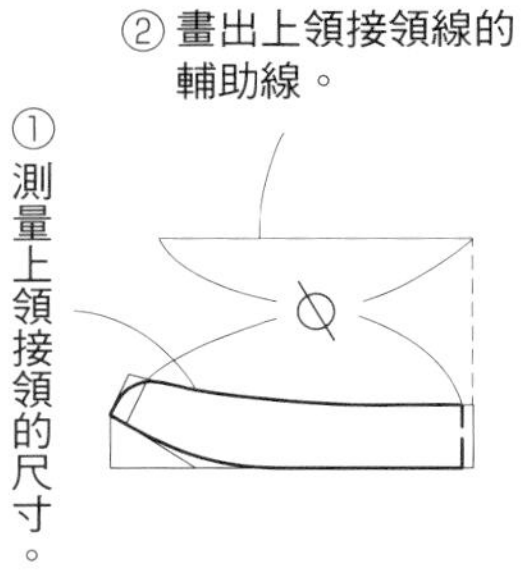

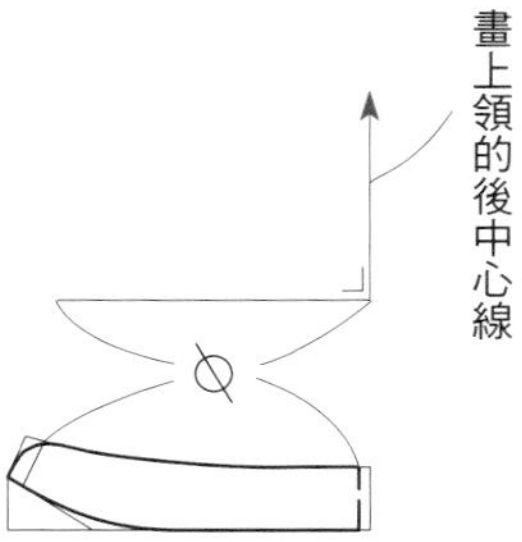

9 畫上領的接領線

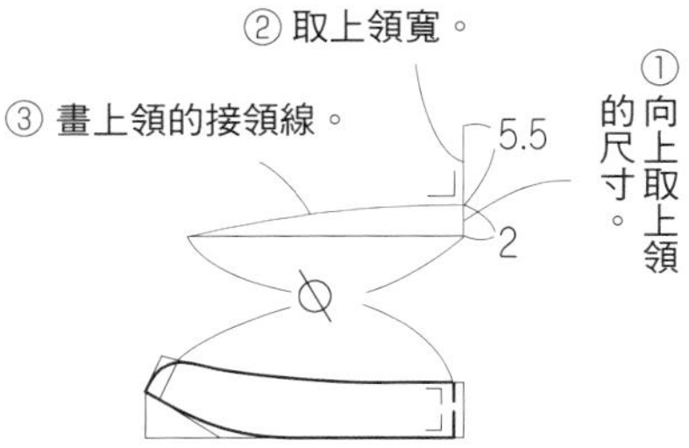

② 取上領寬。
③ 畫上領的接領線。
① 向上取上領的尺寸。
5.5
2

10 決定上領的領尖

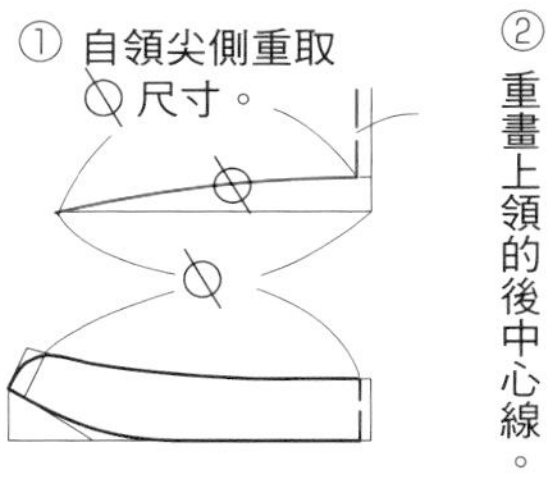

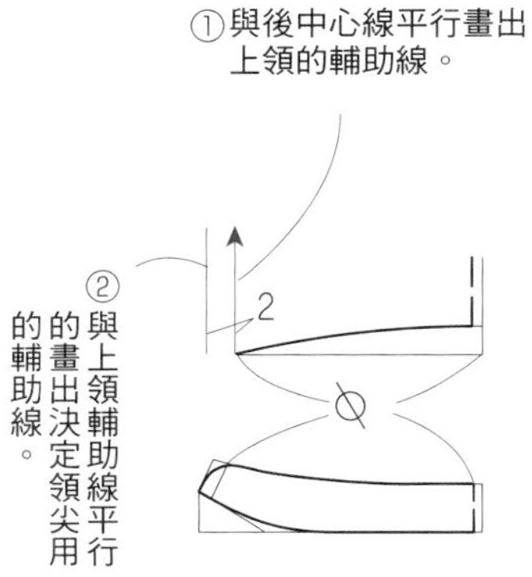

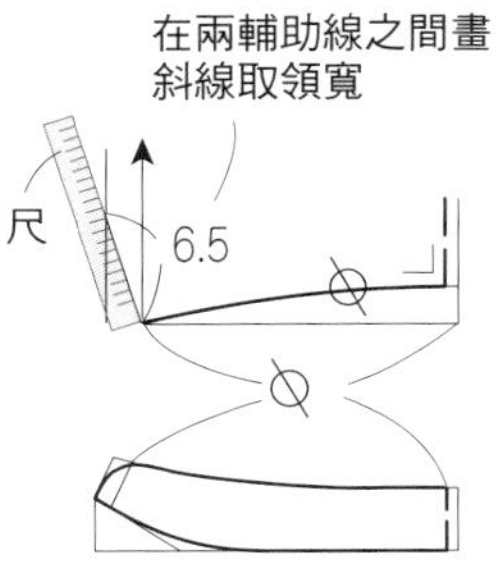

11 畫上領的完成線

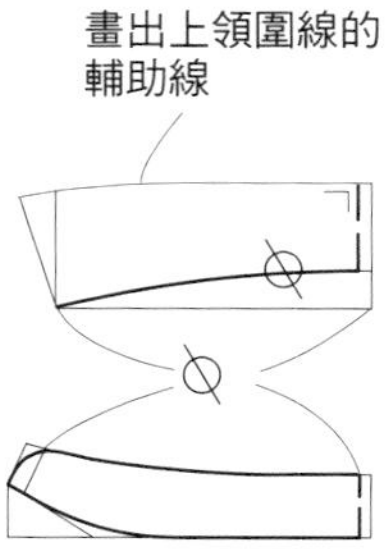

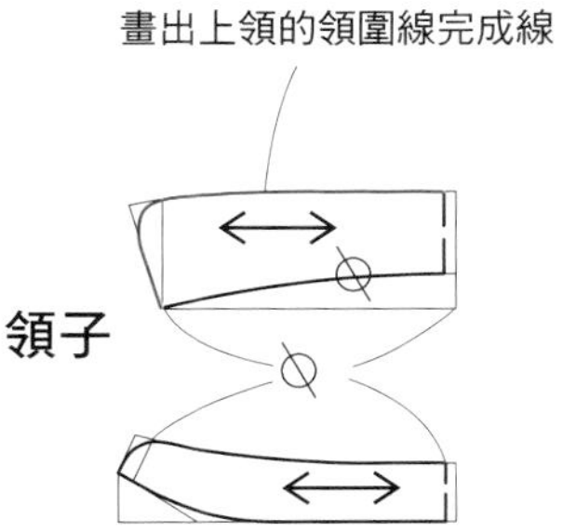

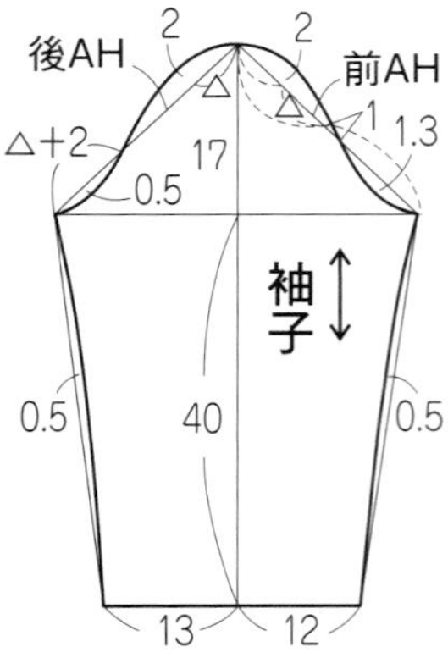

來畫這個圖吧！

4 練習畫袖子

Lesson 1 袖子的畫法 ～直接製圖～

直接製圖是縱向畫袖子，前AH在右側，後AH在左側。因為由袖山量取前後袖襱尺寸，就能自然定出袖寬，所以製圖未標出袖寬尺寸。

※ 參見P.33的重點建議。

製圖的畫法

1 測量衣身的袖襱（AH）尺寸

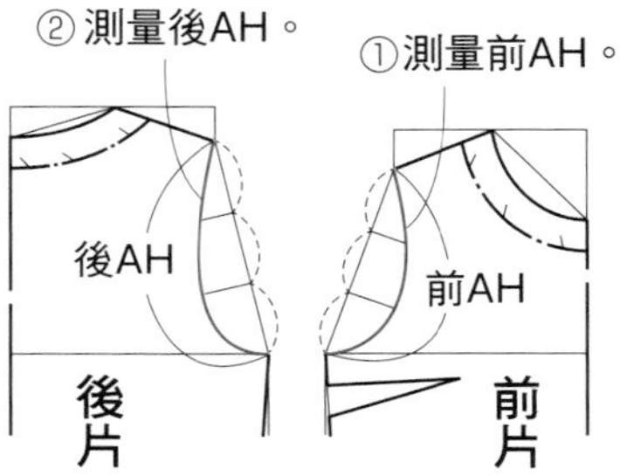

2 畫出輔助線

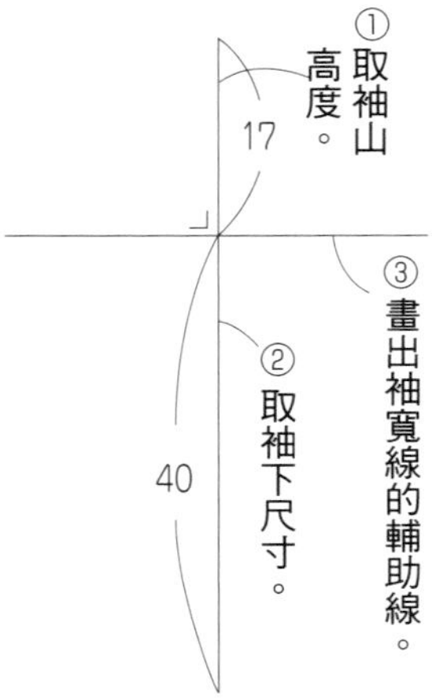

①取袖山高度。
17
②取袖下尺寸。
40
③畫出袖寬線的輔助線。

3 決定袖寬

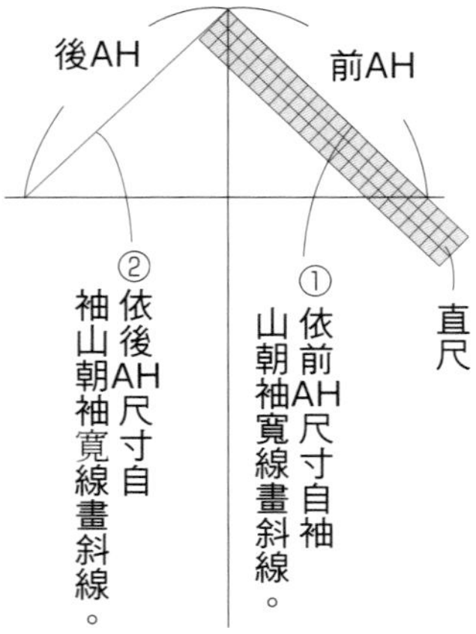

後AH
前AH
①依前AH尺寸自袖山朝袖寬線畫斜線。
②依後AH尺寸自袖山朝袖寬線畫斜線。
直尺

4 畫出前袖山的輔助線

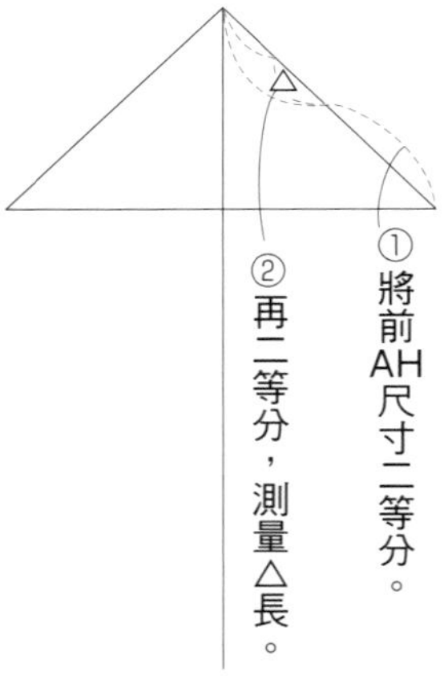

△
①將前AH尺寸二等分。
②再二等分，測量△長。

5 畫出前袖山線的輔助線

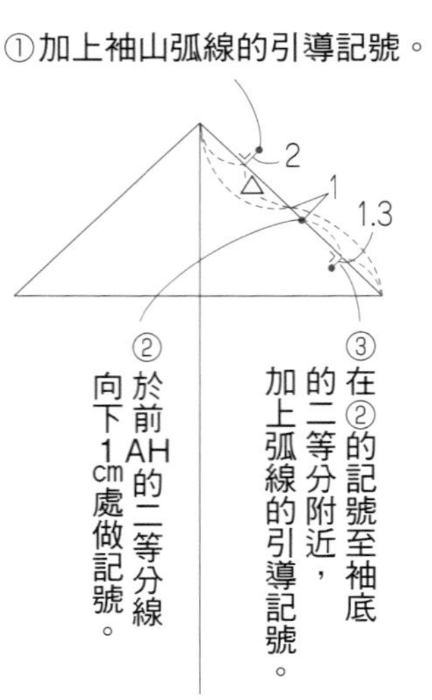

①加上袖山弧線的引導記號。
2
△
1
1.3
②於前AH的二等分線向下1cm處做記號。
③在②的記號至袖底的二等分附近，加上弧線的引導記號。

6 畫出後袖山的輔助線

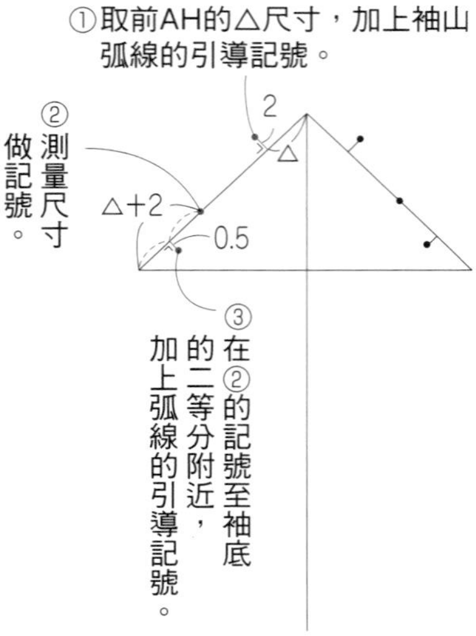

①取前AH的△尺寸，加上袖山弧線的引導記號。
2
△
②測量尺寸做記號。
△+2
0.5
③在②的記號至袖底的二等分附近，加上弧線的引導記號。

7 畫接袖線

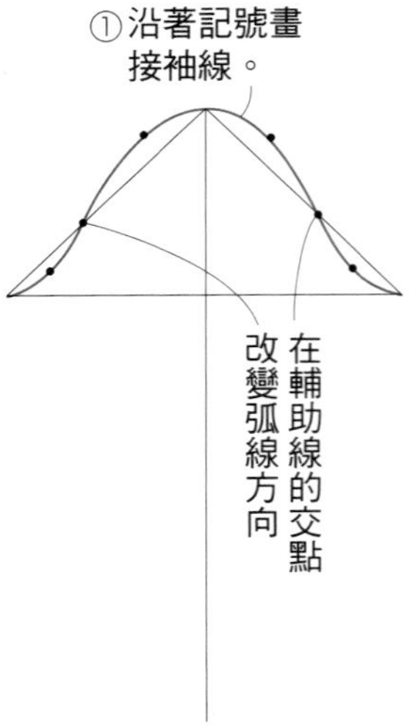

①沿著記號畫接袖線。
在輔助線的交點改變弧線方向

8 畫袖口線

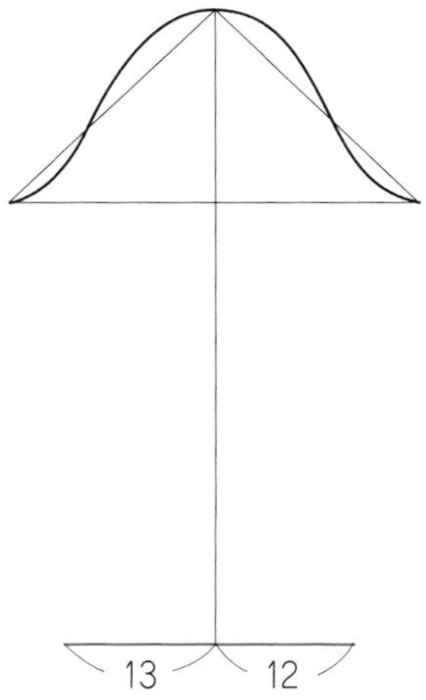

9 畫出袖下線的輔助線

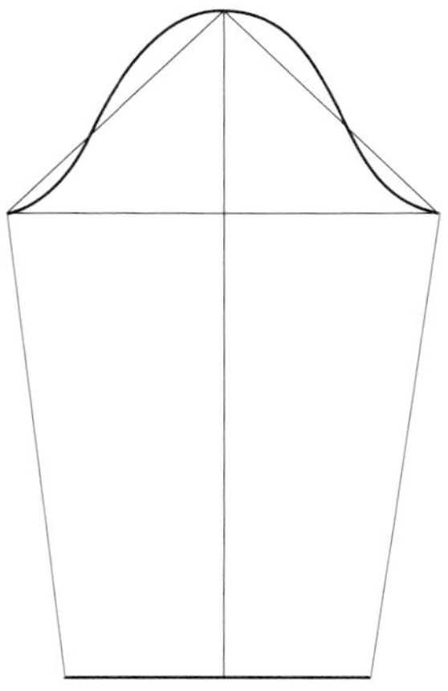

10 畫袖下線

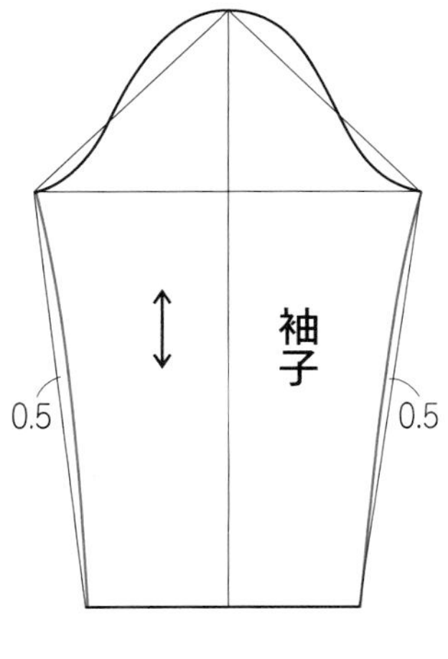

Lesson 2 袖子的畫法 ～文化式～

文化式製圖在袖長的取法上，與直接製圖稍有差異，其他畫法均同。

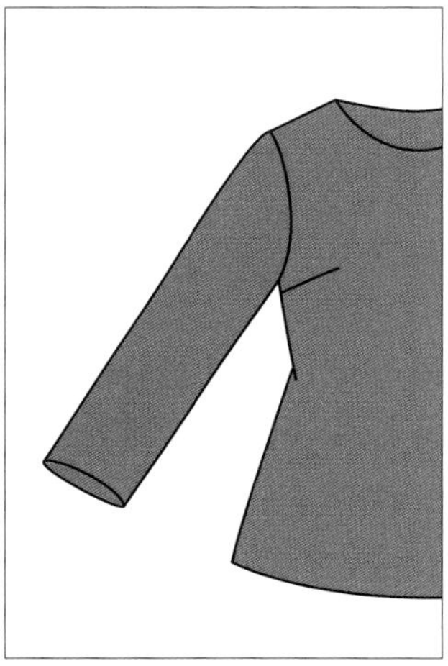

來畫這個圖吧！

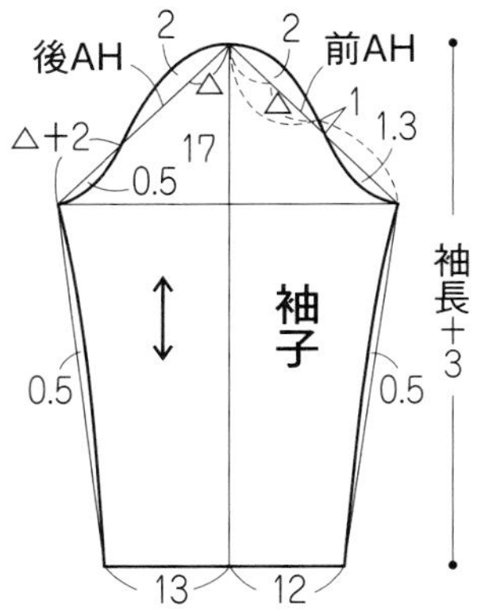

製圖的畫法

1 測量衣身的袖襱（AH）尺寸

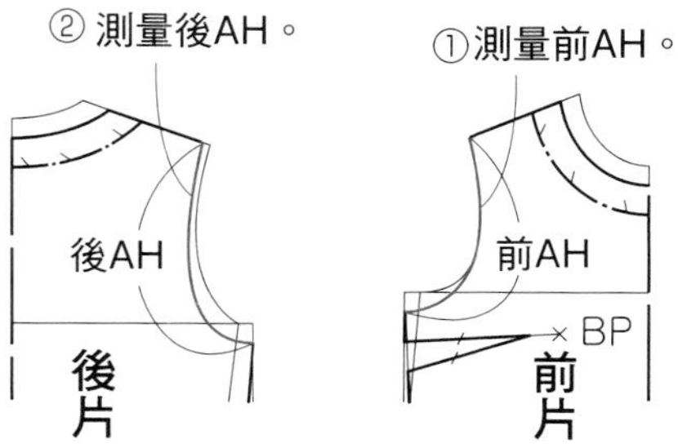

2 畫出輔助線

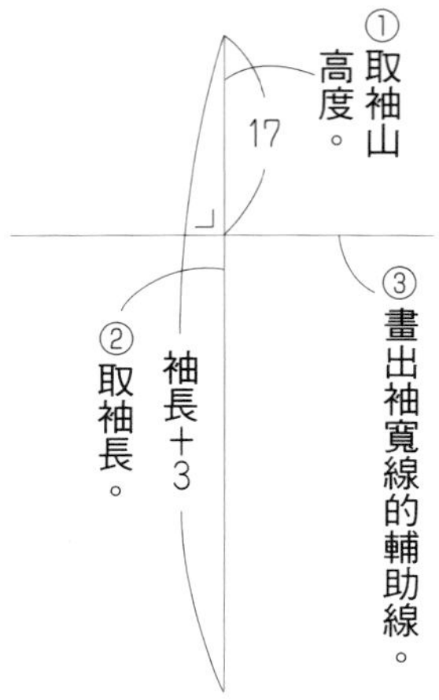

①取袖山高度。
17
②取袖長。
袖長+3
③畫出袖寬線的輔助線。

※3至10的畫法與直接製圖相同。

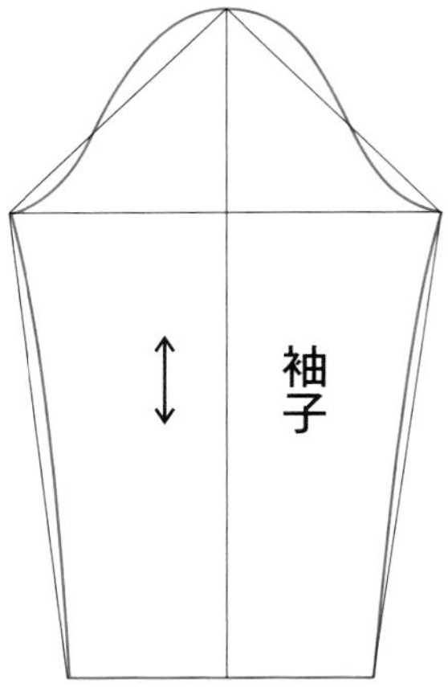

Lesson 3 袖子的畫法 ～登麗美式～

登麗美式的袖子橫向畫線製圖，前AH在下側，後AH在上側。

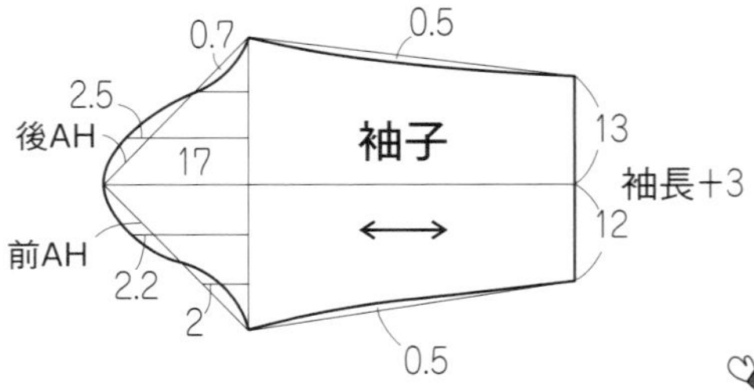

0.7
0.5
2.5
後AH
17
袖子
13
袖長+3
12
前AH
2.2
2
0.5

來畫這個圖吧！

製圖的畫法

1 測量衣身的袖襱（AH）尺寸

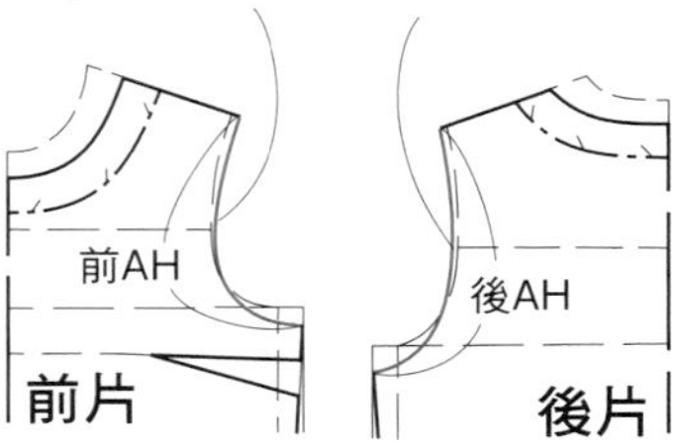

①測量前AH。
②測量後AH。
前AH
後AH
前片
後片

2 畫出輔助線

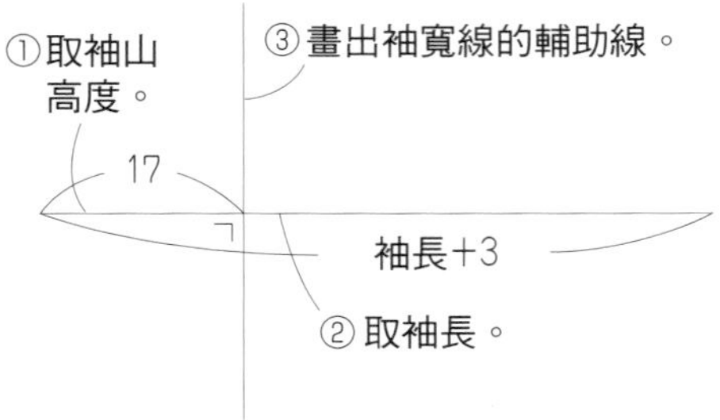

①取袖山高度。
③畫出袖寬線的輔助線。
17
袖長+3
②取袖長。

3 決定袖寬

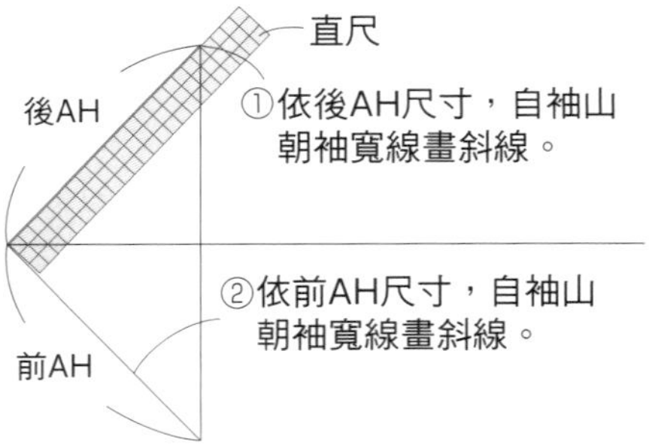

直尺
後AH
①依後AH尺寸，自袖山朝袖寬線畫斜線。
②依前AH尺寸，自袖山朝袖寬線畫斜線。
前AH

4 畫出袖山線的輔助線

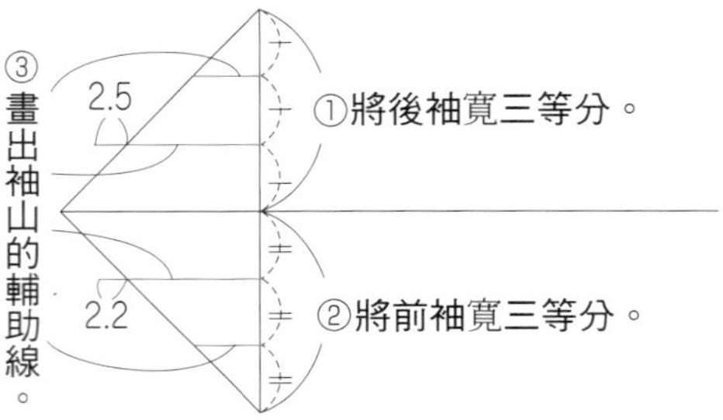

③畫出袖山的輔助線。
2.5
①將後袖寬三等分。
2.2
②將前袖寬三等分。

5 畫接袖線

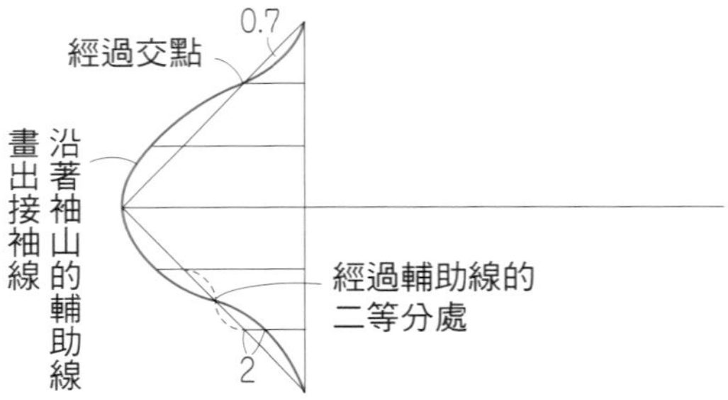

0.7
經過交點
沿著袖山的輔助線畫出接袖線
經過輔助線的二等分處
2

6 畫袖口線

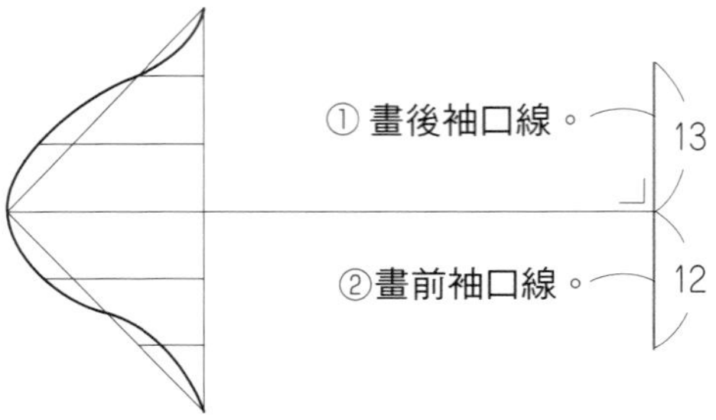

①畫後袖口線。
13
②畫前袖口線。
12

7 畫袖下線的輔助線

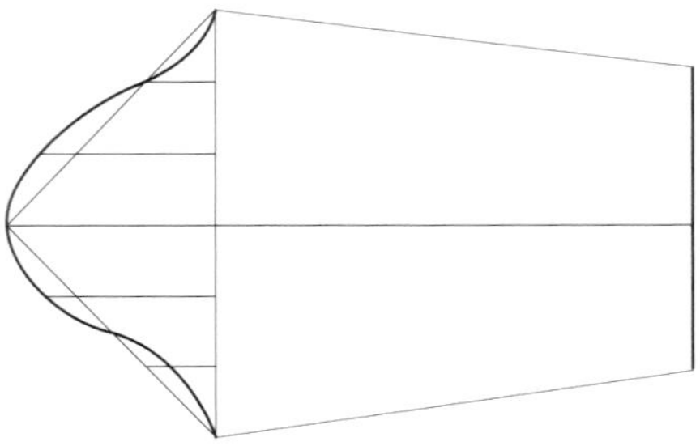

8 畫袖下線

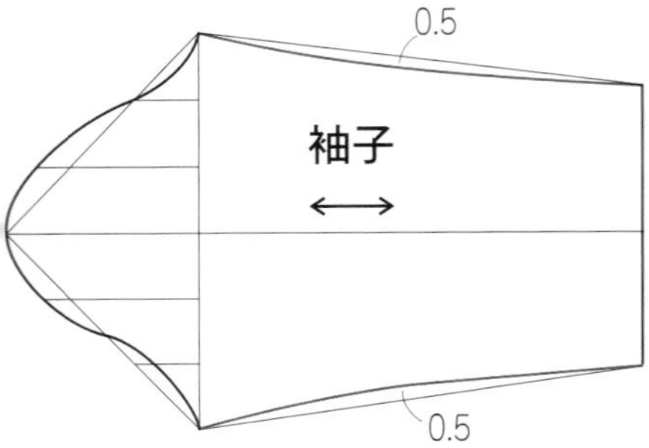

0.5
袖子
0.5

◆重點建議◆

活用便利工具，讓袖子的製圖作業更順暢！

在畫袖子時，首先是測量衣身的AH（袖襱），再使用此尺寸畫線製圖。

將皮尺沿著弧線立起，測量AH（袖襱）的尺寸。

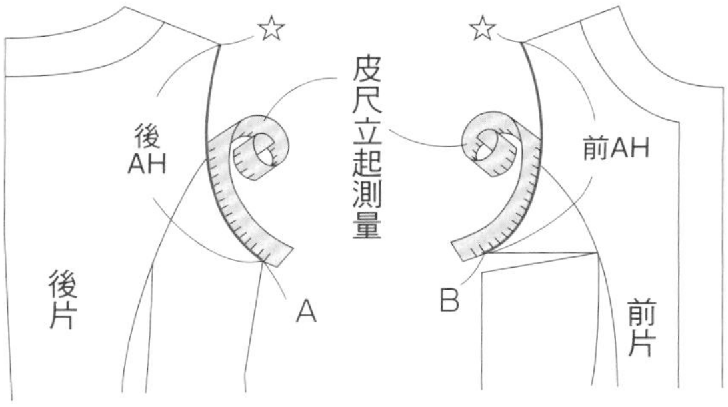

便利工具

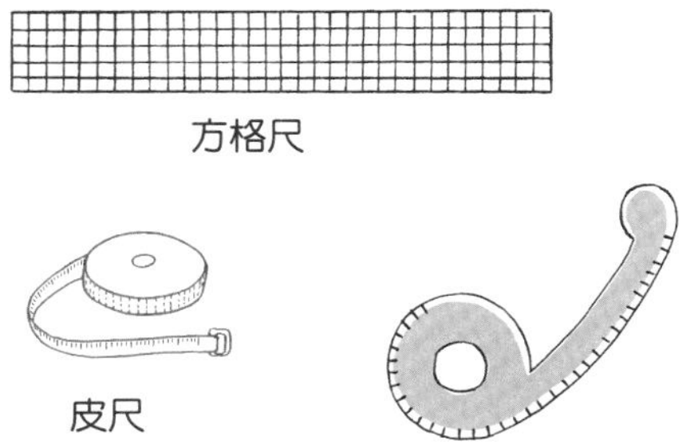

與直線垂直畫水平線（袖寬線）時，建議使用可對齊格線正確取直角的方格尺。

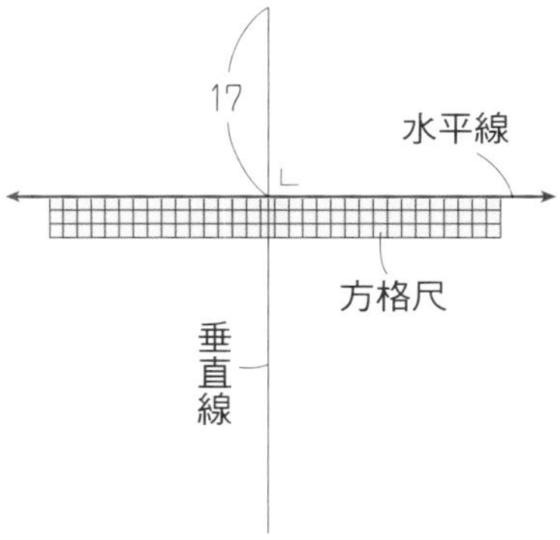

在決定袖寬時，依後AH尺寸自袖山點（☆）畫斜線連至水平線，取交點A，再依前AH尺寸以相同作法取交點B。由這兩點定出袖寬。

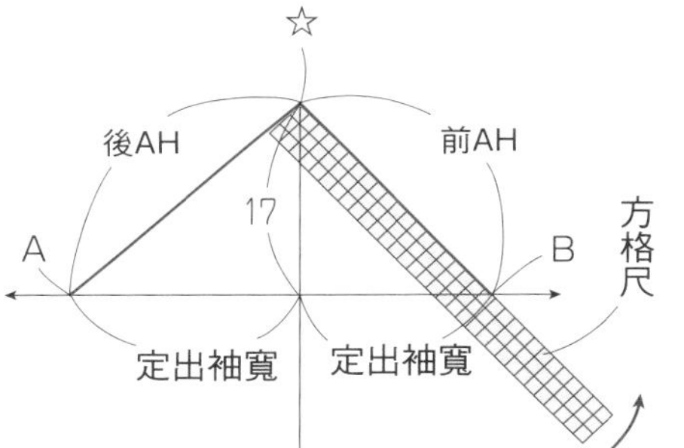

※將方格尺的角對齊☆，在袖寬線上滑動，在量取AH尺寸的位置停住。→定出B

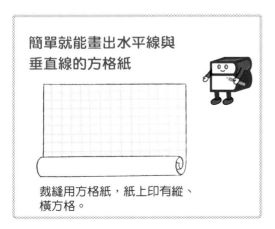

在畫接袖線的弧線時，以方格尺在接袖線經過處做記號，再以雲尺連接記號畫出平順的弧線。

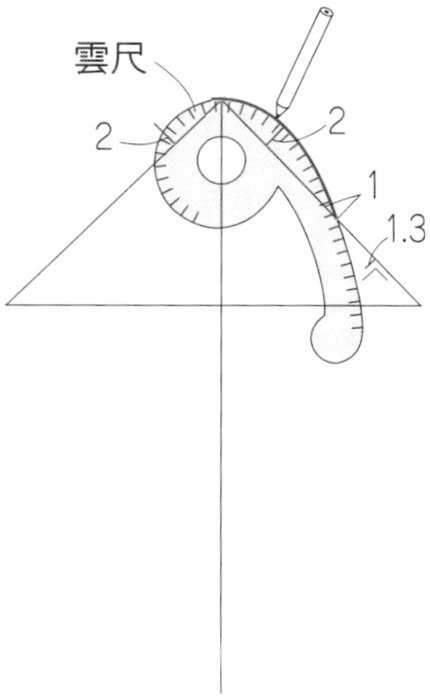

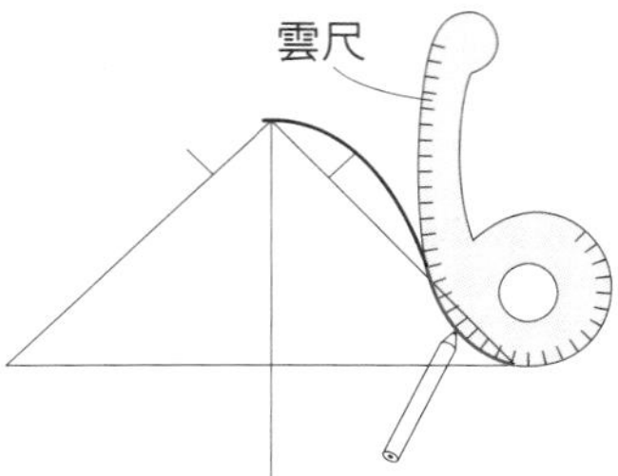

簡單就能畫出水平線與垂直線的方格紙

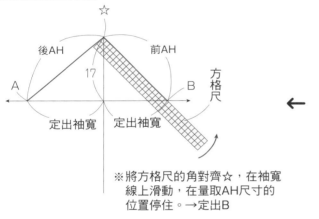

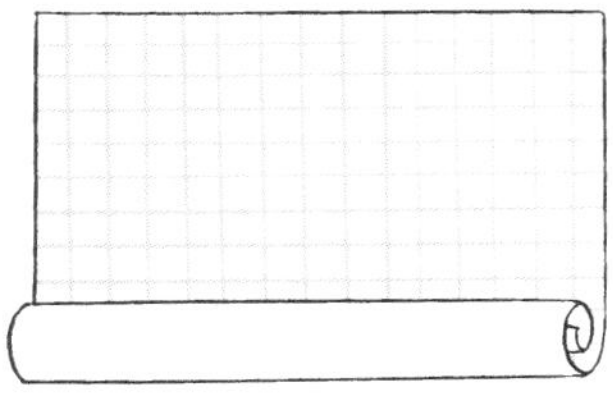

裁縫用方格紙，紙上印有縱、橫方格。

腰圍・臀圍的尺寸計算公式

$$\underset{\text{腰圍}\div 4}{\frac{W}{4}} + \underset{\text{鬆份}}{1} + \underset{\text{尖褶份 細褶份}}{4.5} \pm \underset{\text{前後差}}{1}$$

（※若是$\frac{H}{4}$就代入臀圍計算）

看懂褲子製圖與基礎線畫法

Lesson 1 褲子的畫法 ～直接製圖～

前褲片在右側、後褲片在左側進行製圖。前後片各自畫線。製好圖，前後褲片的股圍線皆朝向外側。

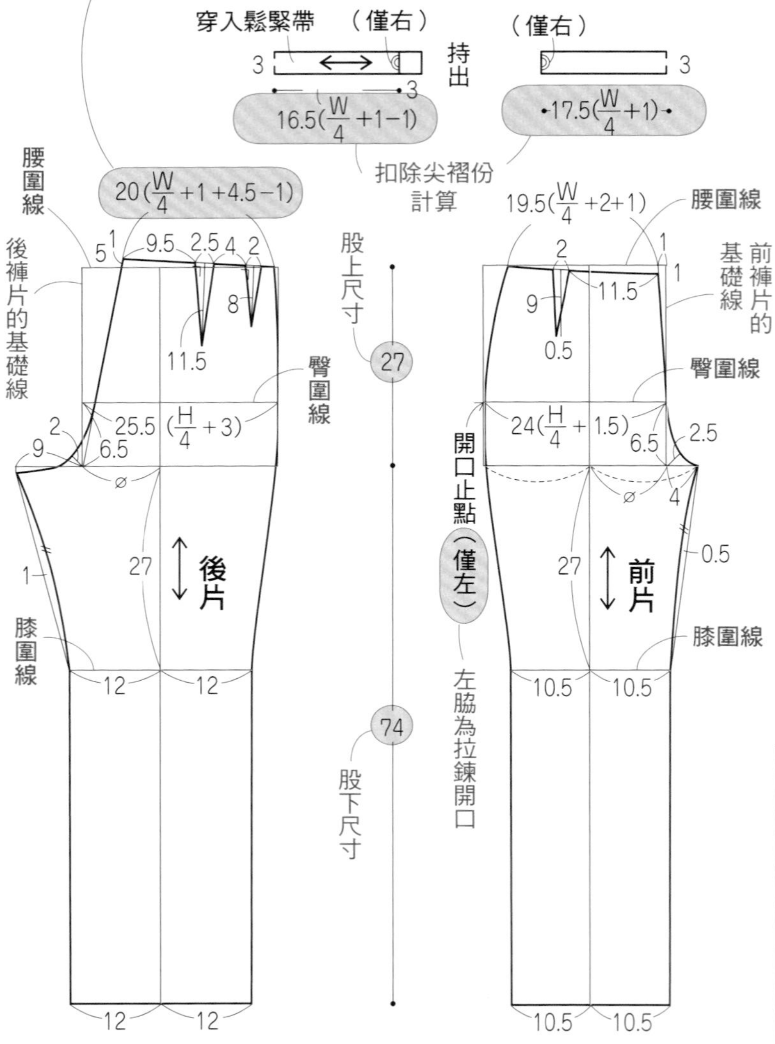

完成尺寸

女性9號

使用這個製圖詳細解說基礎線的畫法！

基礎線畫法

首先畫基礎線（—），接著畫完成線（—）。以介紹基礎線的詳細畫線順序為主，而加上「製圖導航」是為了方便對照、理解正在畫製圖中的哪條線。

製圖導航

1 畫前褲片的基礎線

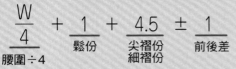

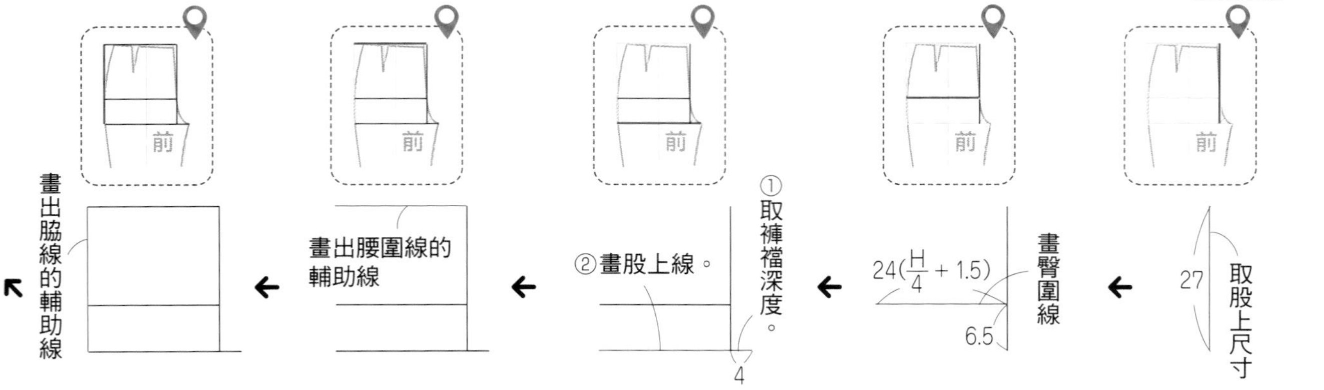

2 畫前褲片的完成線

※詳細的畫線順序在P.40。

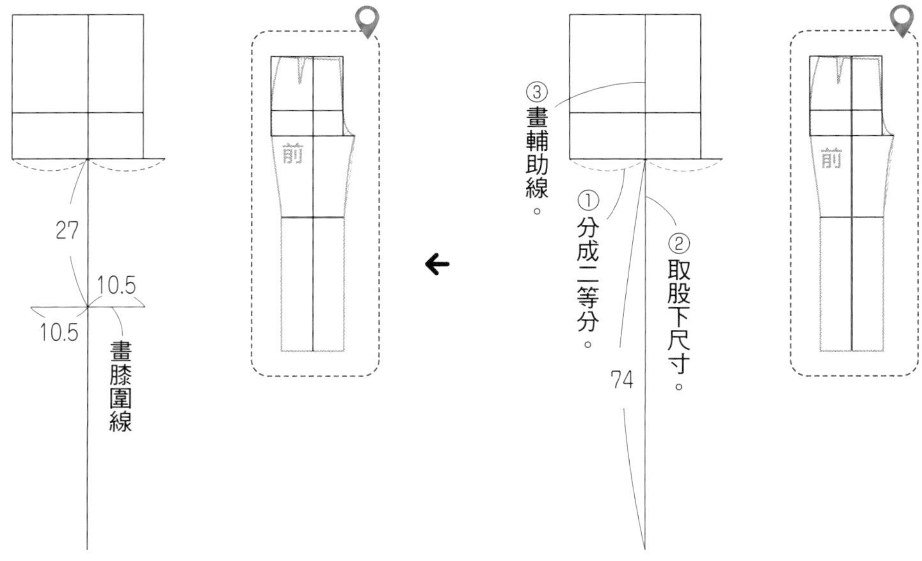
前
③畫輔助線。
①分成二等分。
②取股下尺寸。
74
27
10.5
10.5
畫膝圍線

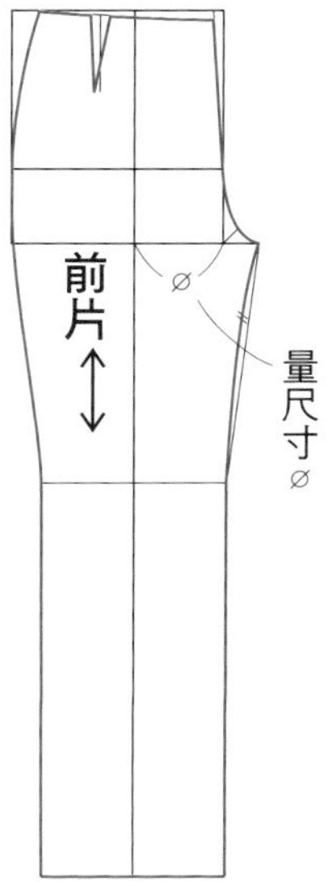
前片
⌀
量尺寸⌀

3 畫後褲片的基礎線

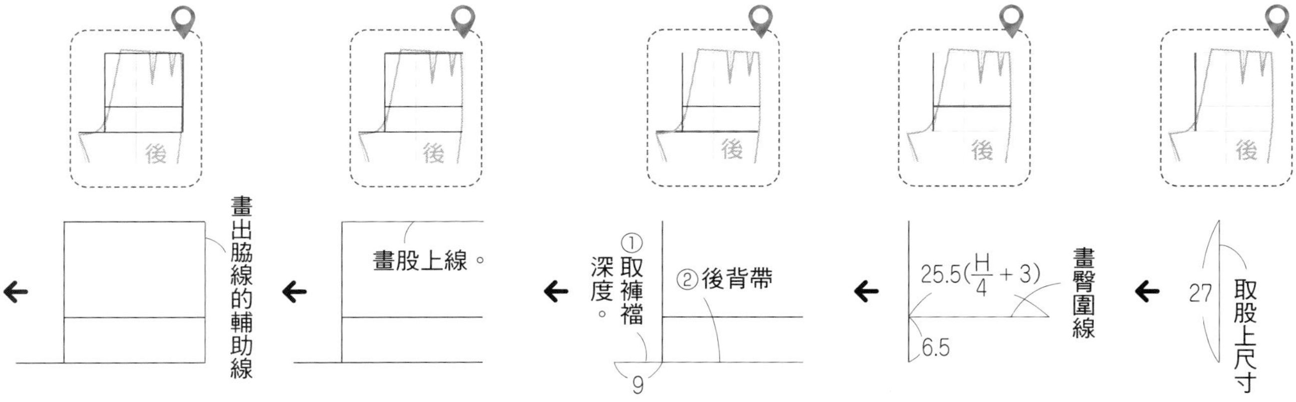
後
27
取股上尺寸
畫臀圍線
25.5($\frac{H}{4}$＋3)
6.5
①取褲襠深度。
②後背帶
9
畫股上線。
畫出脇線的輔助線

4 畫後褲片的完成線

※詳細的畫線順序在P.40。

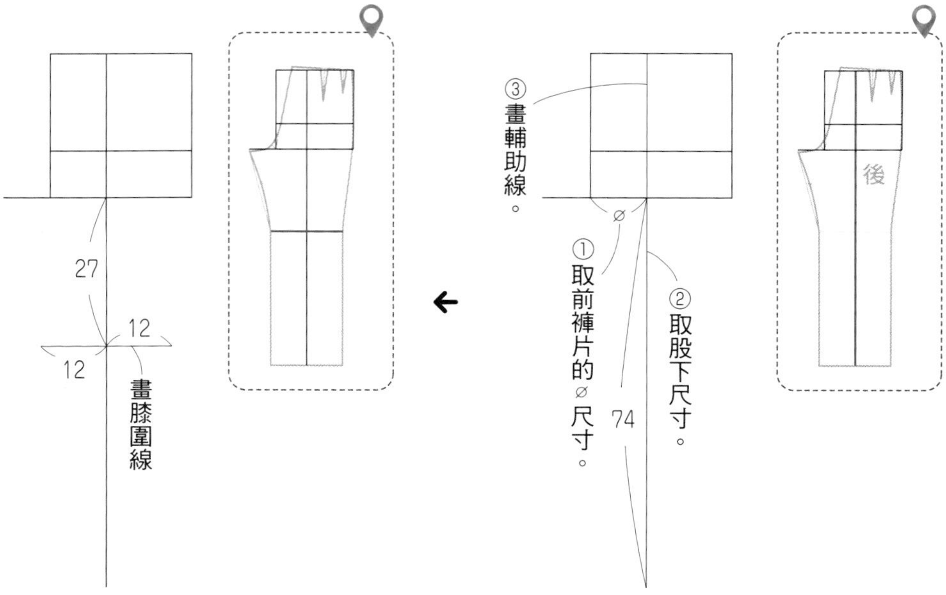
後
③畫輔助線。
⌀
①取前褲片的⌀尺寸。
②取股下尺寸。
74
27
12
12
畫膝圍線

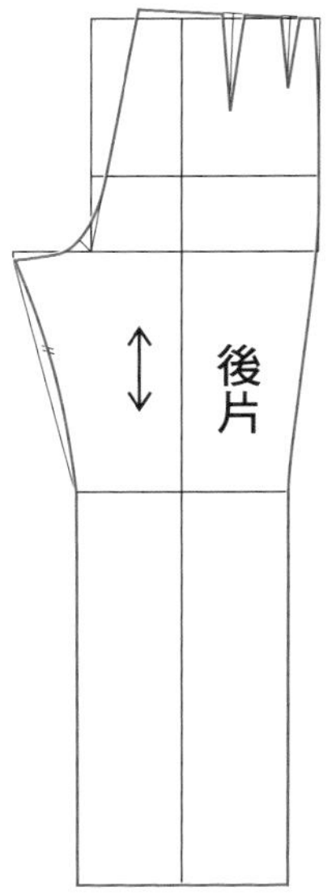
後片

褲子的畫法
～文化式～

前褲片在右側、後褲片在左側進行製圖。先畫前褲片，再複寫基礎線（—）來畫後褲片。

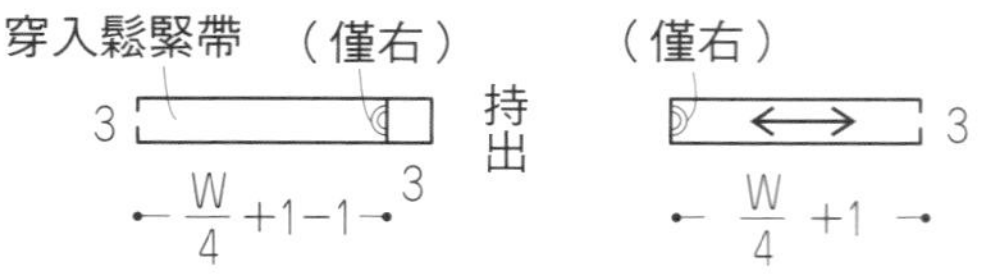

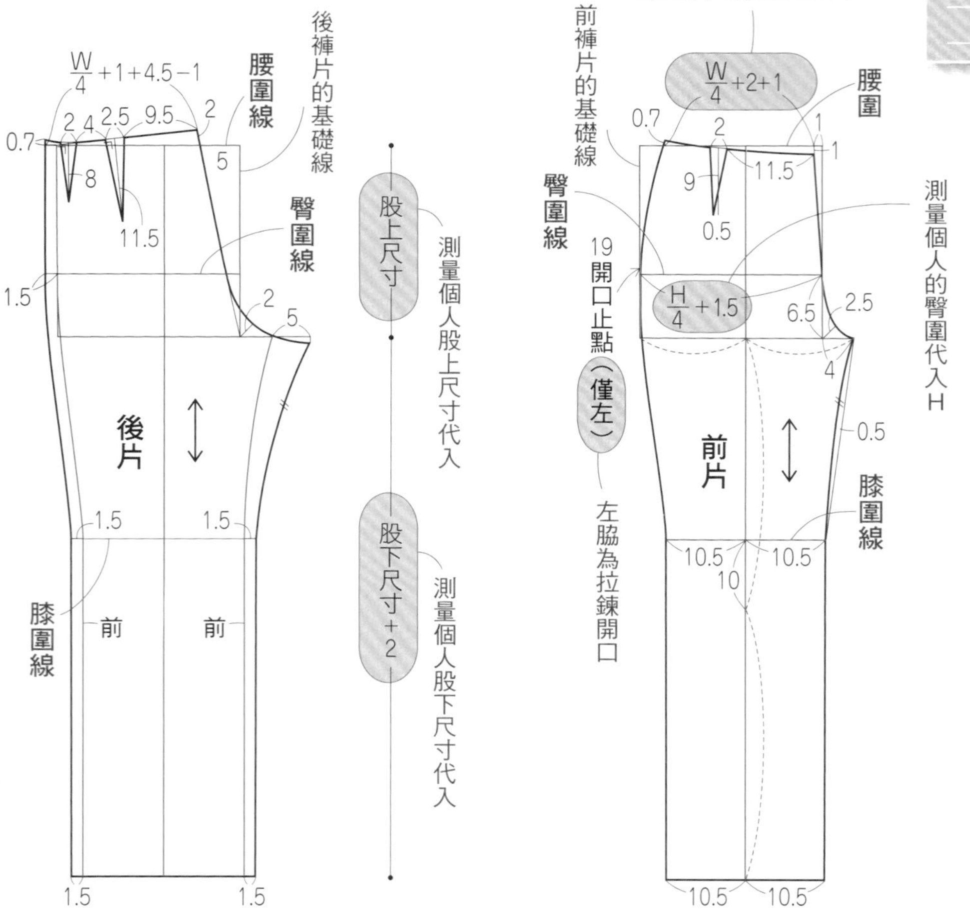

使用這個製圖詳細解說基礎線畫法！

基礎線畫法

首先畫基礎線（—），接著畫完成線（**—**）。以介紹基礎線的詳細畫線順序為主，而加上「製圖導航」是為了方便對照、理解正在畫製圖中的哪條線。

1 畫前褲片的基礎線

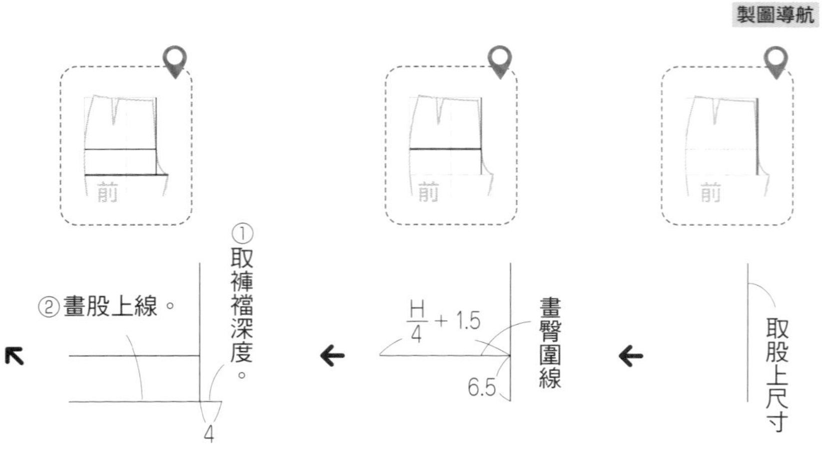

2 畫前褲片的完成線

※詳細的畫線順序在P.44。

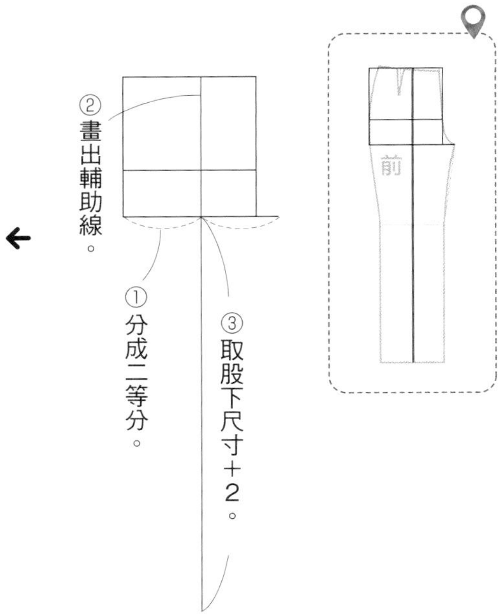

②畫出輔助線。
①分成二等分。
③取股下尺寸＋2。
前

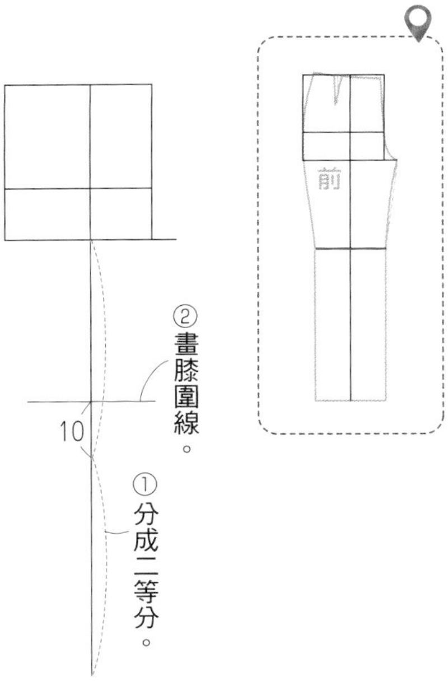

②畫膝圍線。
10
①分成二等分。
前

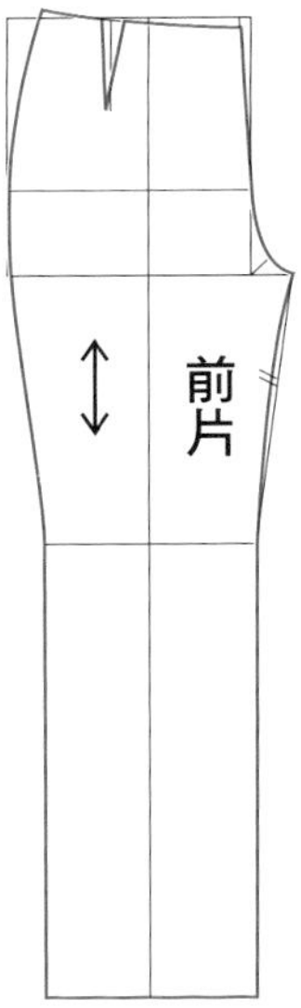

前片

3 畫後褲片的基礎線

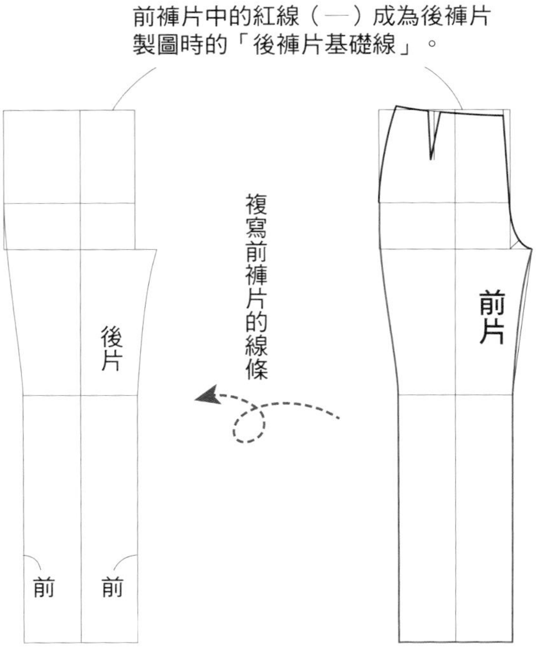

4 畫後褲片的完成線

※詳細的畫線順序在P.44。

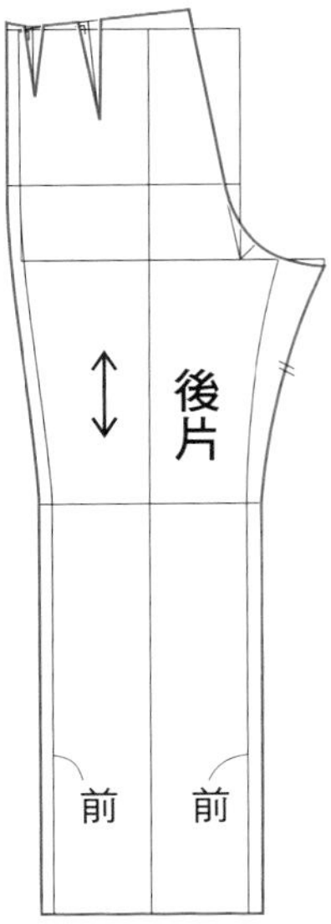

Lesson 3 褲子的畫法 ～登麗美式～

前褲片在左側、後褲片在右側進行製圖。畫好前褲片後，複寫基礎線（—）來畫後褲片。

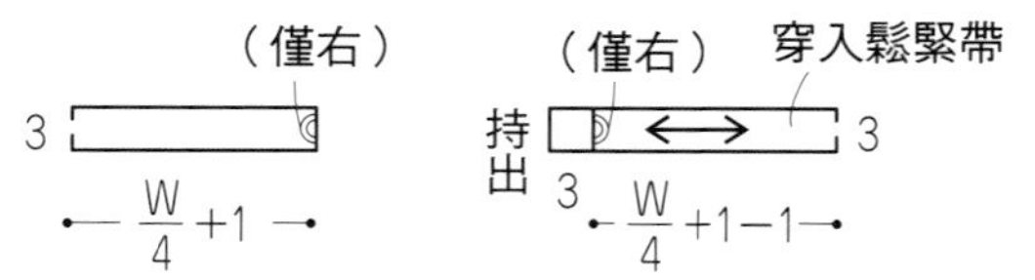

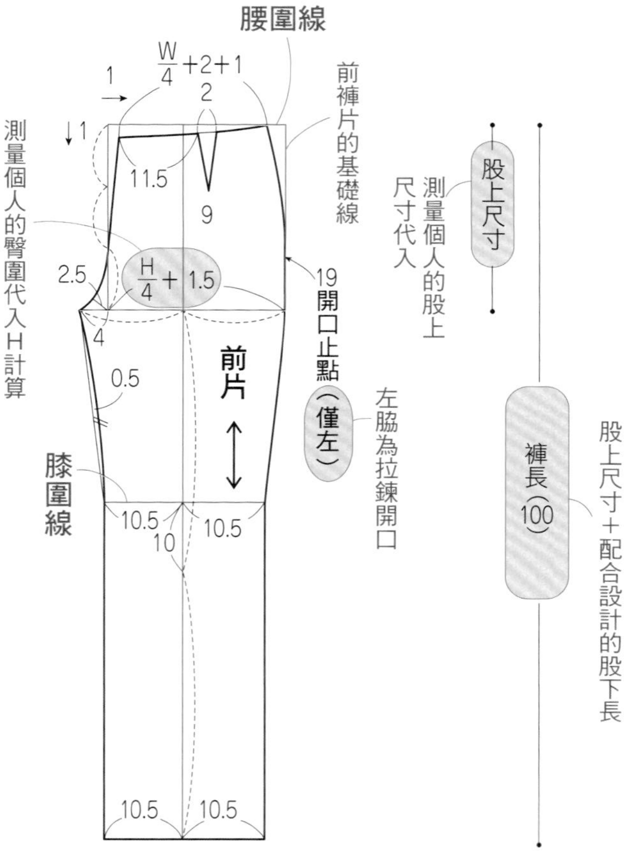

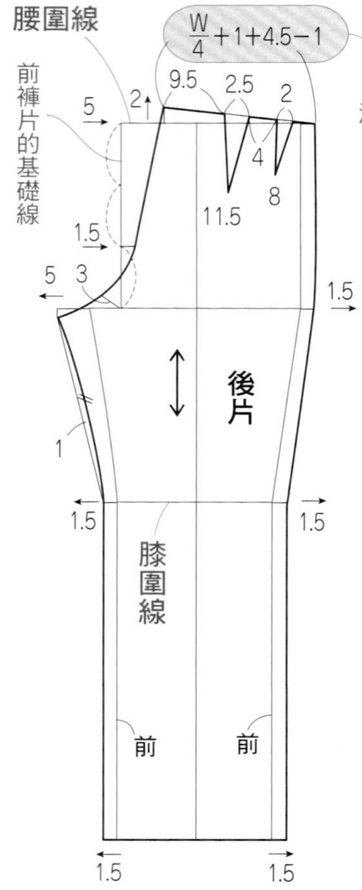

使用這個製圖解說
詳細的基礎線畫法！

基礎線畫法

1 畫前褲片的基礎線

首先畫基礎線（—），接著畫完成線（**—**）。以介紹基礎線的詳細畫線順序為主，而加上「製圖導航」是為了方便對照、理解正在畫製圖中的哪條線。

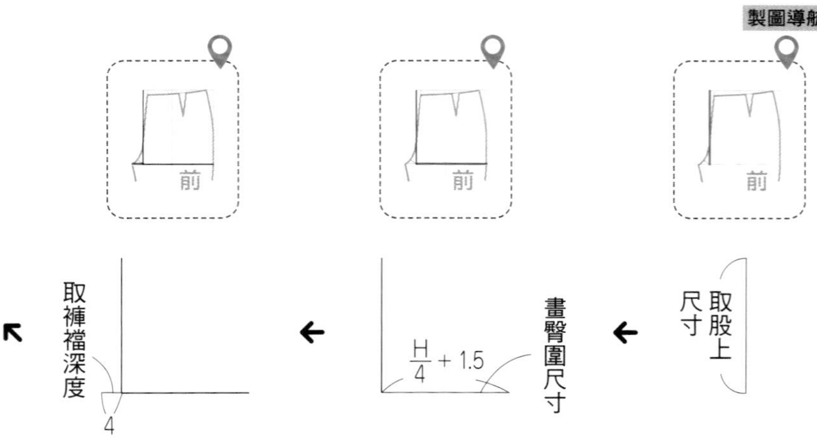

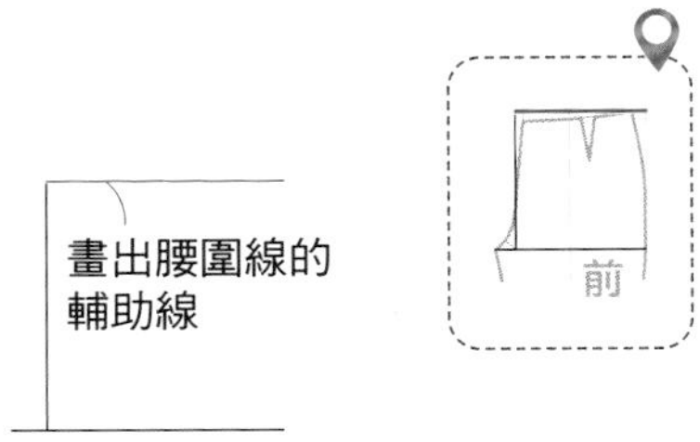

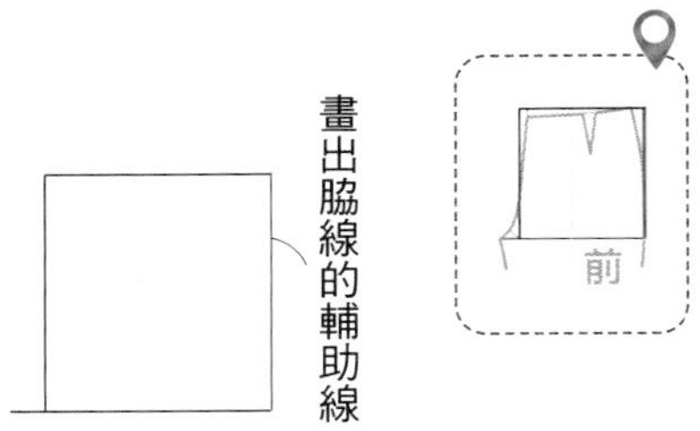

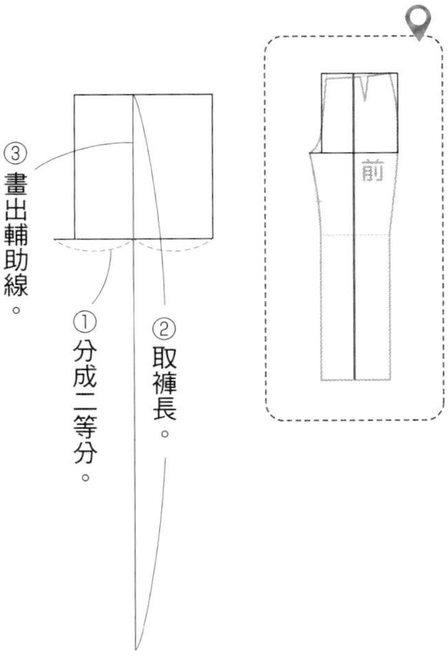

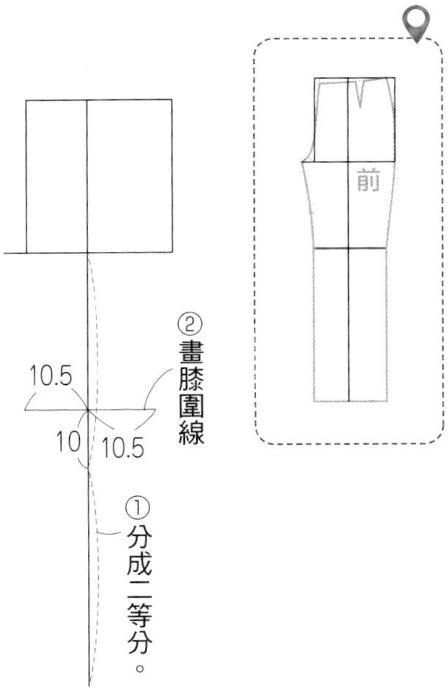

2 畫前褲片的完成線

※詳細的畫線順序在P.48。

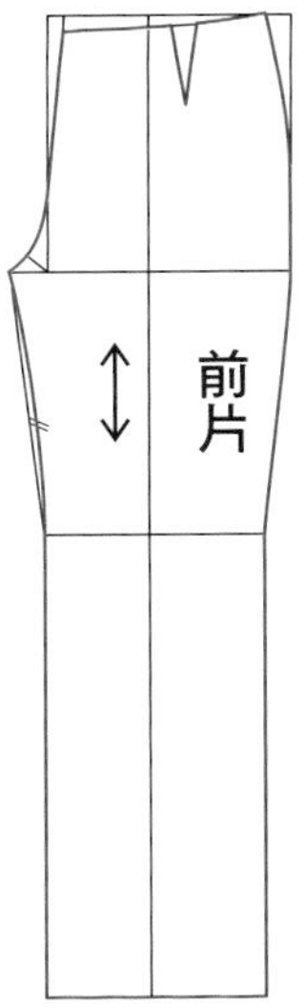

3 畫後褲片的基礎線

前褲片中的紅線（—）成為後褲片製圖時的「後褲片基礎線」。

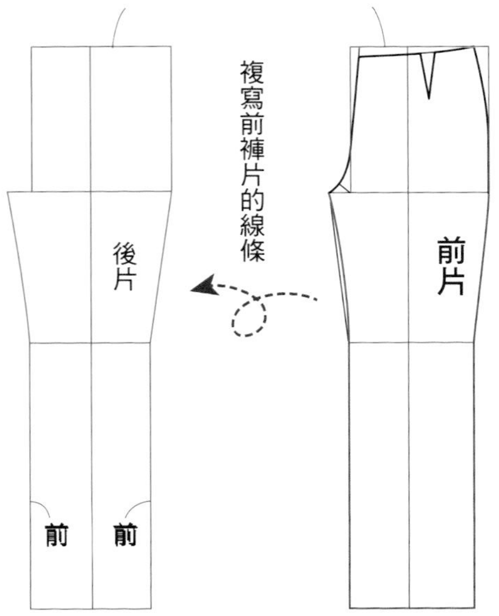

4 畫後褲片的完成線

※詳細的畫線順序在P.48。

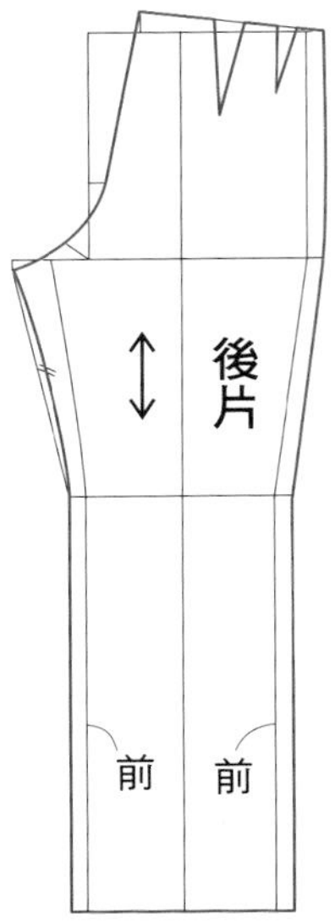

依「前褲片→持出→後褲片→褲腰帶」的順序畫線。前褲片與後褲片各自製圖。

練習畫修身剪裁褲

女性9號

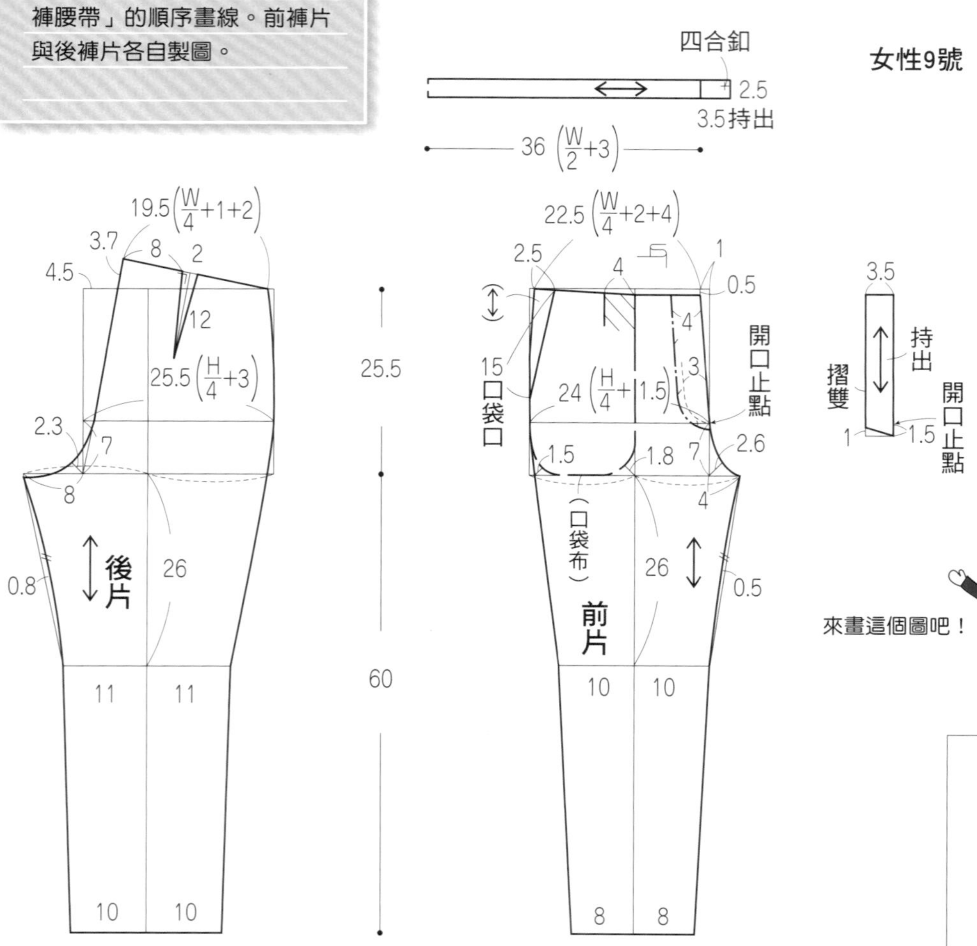

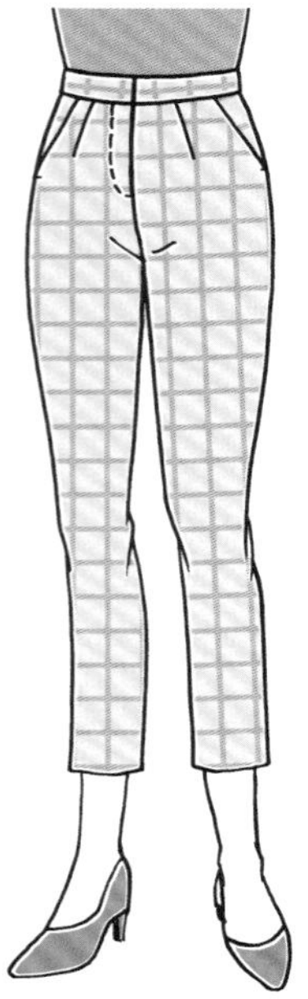

製圖的畫法

● ＝經過交點時的記號

⚲ ＝在線上取尺寸時的記號

1 畫前褲片的基礎線

※詳細的基礎線畫線順序請參考P.34。

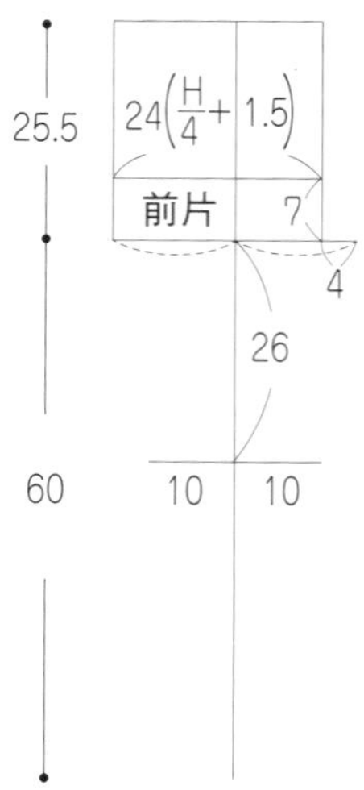

2 畫前褲片的完成線

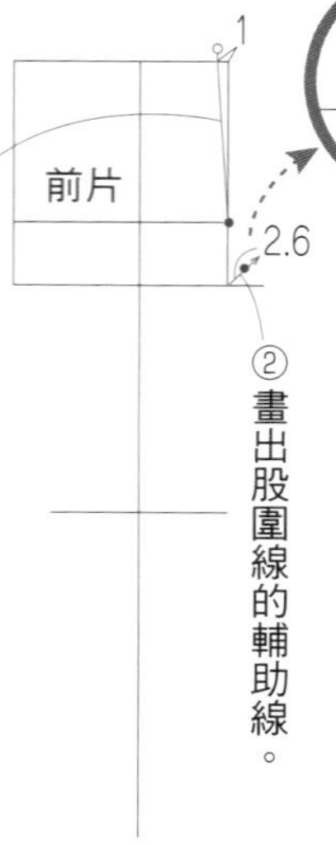

① 畫出前中心線的輔助線。

② 畫出股圍線的輔助線。

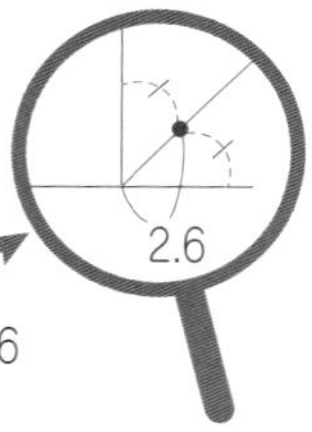

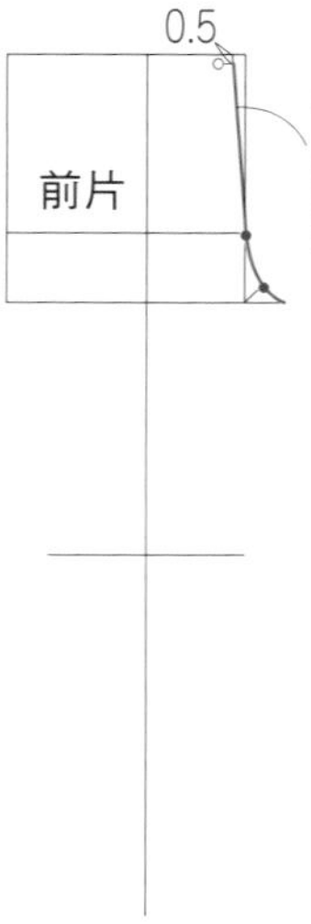

畫股圍線

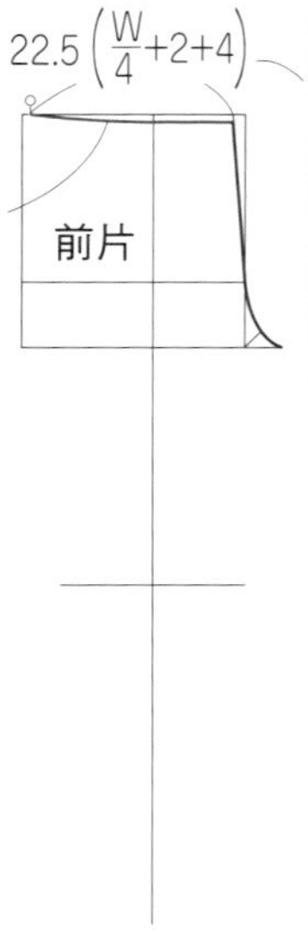

① 在基礎線上取腰圍尺寸。

② 畫腰圍線。

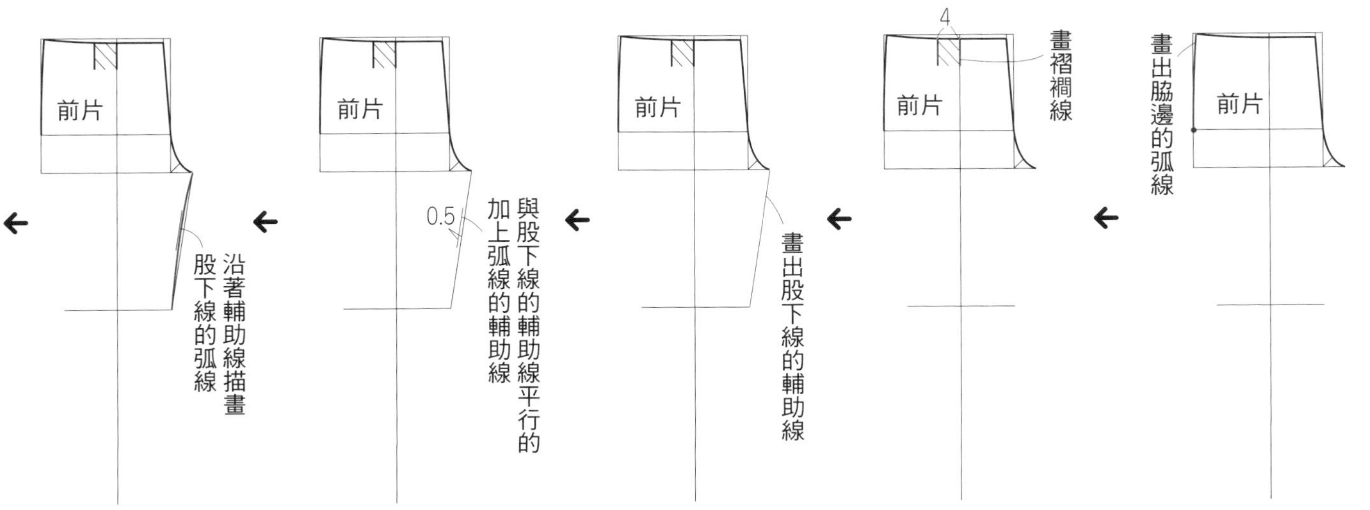
前片
畫出脇邊的弧線
4
畫褶襉線
畫出股下線的輔助線
0.5
與股下線的輔助線平行的加上弧線的輔助線
沿著輔助線描畫股下線的弧線

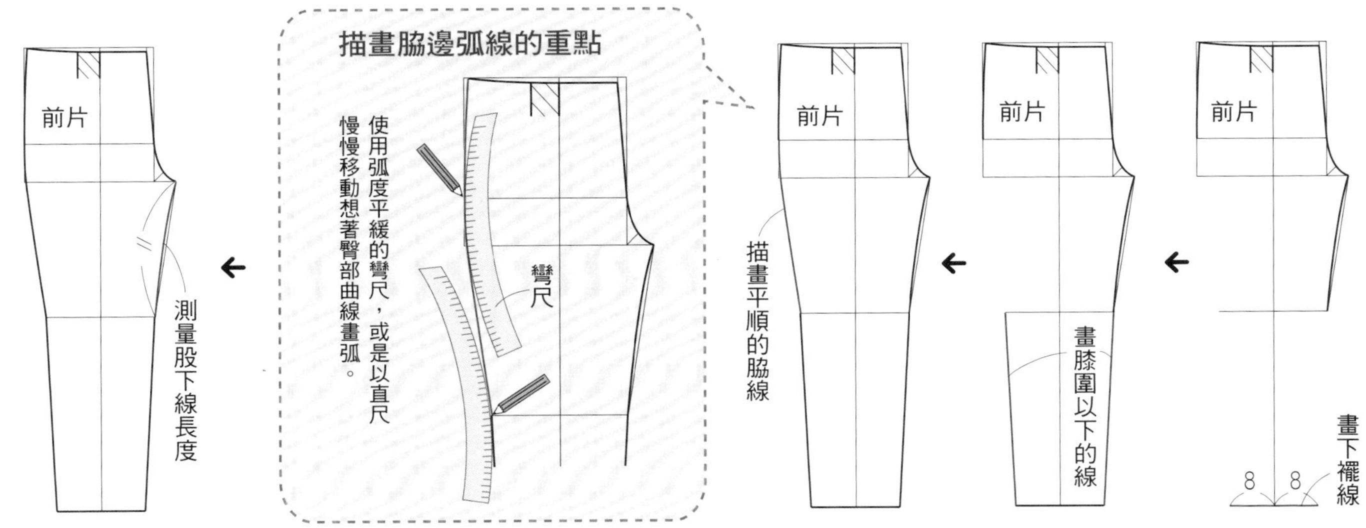
前片
畫下襬線
8
8
畫膝圍以下的線
描畫平順的脇線
描畫脇邊弧線的重點
使用弧度平緩的彎尺，或是以直尺慢慢移動想著臀部曲線畫弧。
彎尺
測量股下線長度

3 畫口袋口與口袋布

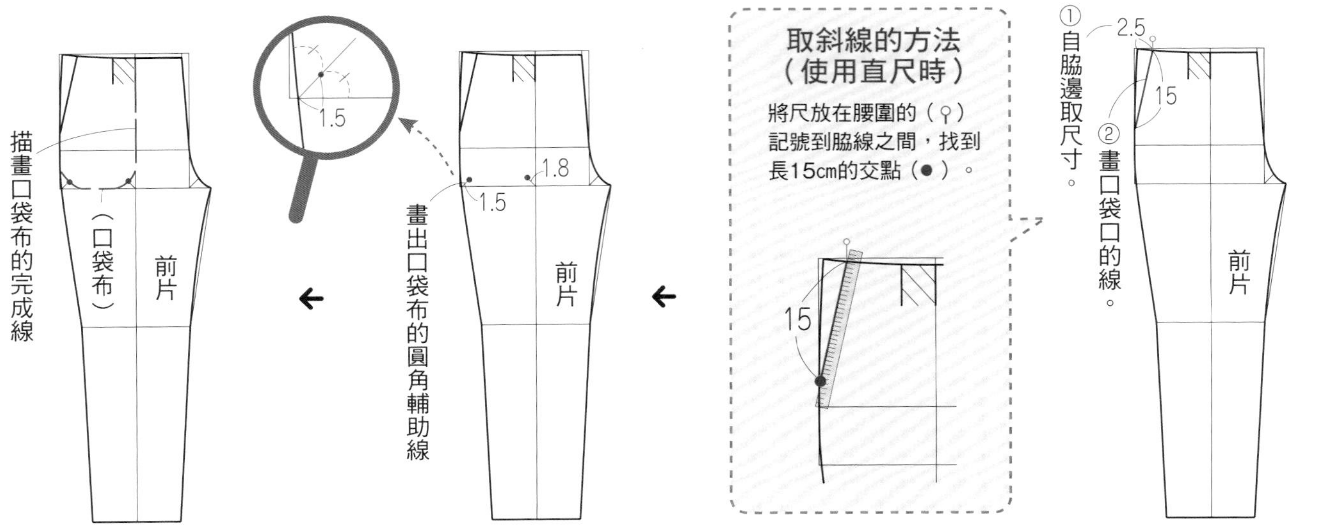
①自脇邊取尺寸。
2.5
15
②畫口袋口的線。
前片
取斜線的方法（使用直尺時）
將尺放在腰圍的（♀）記號到脇線之間，找到長15cm的交點（●）。
15
1.8
1.5
畫出口袋布的圓角輔助線
1.5
（口袋布）
描畫口袋布的完成線

4 畫貼邊線

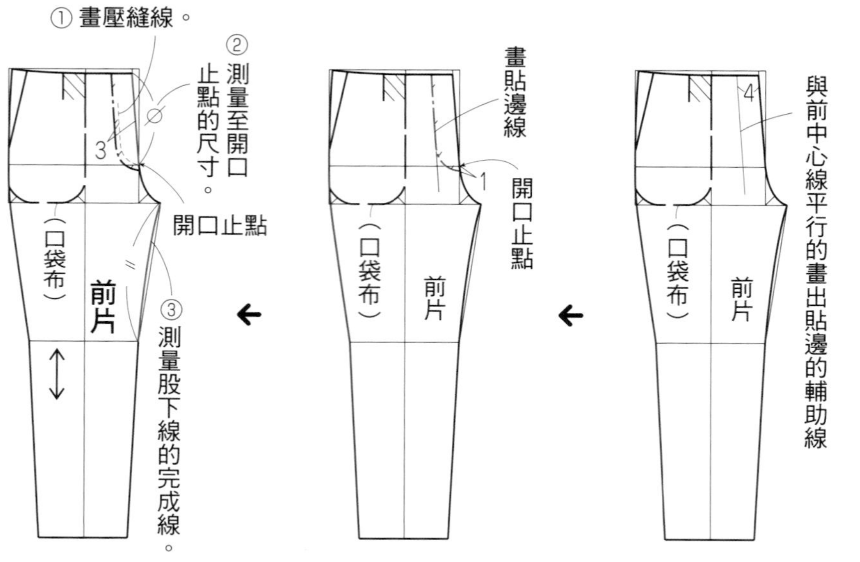
與前中心線平行的畫出貼邊的輔助線
4
(口袋布)
前片
畫貼邊線
1
開口止點
(口袋布)
前片
① 畫壓縫線。
② 測量至開口止點的尺寸。
3
開口止點
③ 測量股下線的完成線。
(口袋布)
前片

5 畫持出

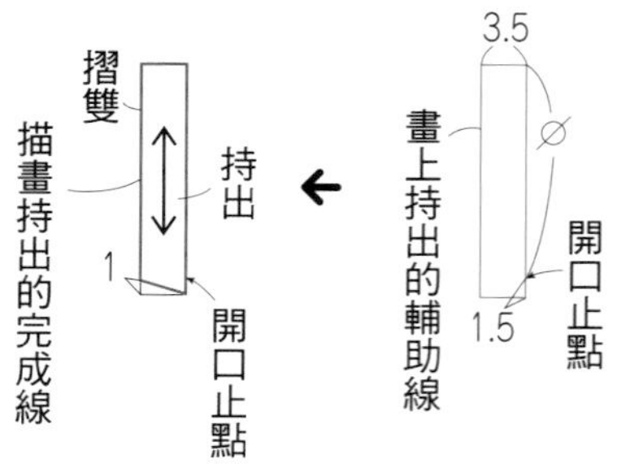
3.5
畫上持出的輔助線
開口止點
1.5
摺雙
持出
描畫持出的完成線
1
開口止點

6 畫後褲片的基礎線

※詳細的基礎線畫法請參考P.34。

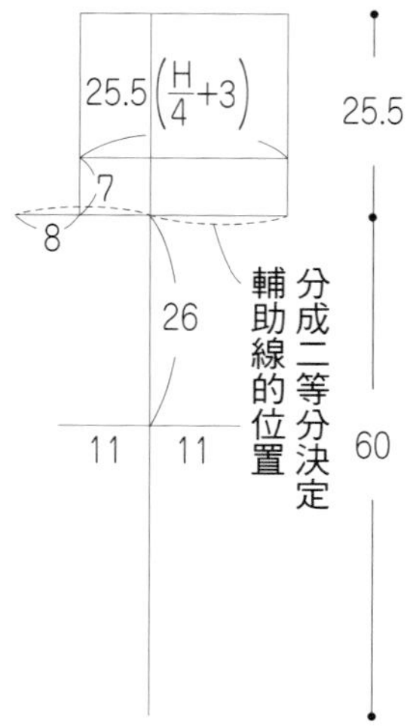
25.5
25.5$\left(\frac{H}{4}+3\right)$
7
8
26
分成二等分決定輔助線的位置
11
11
60

7 畫後褲片的完成線

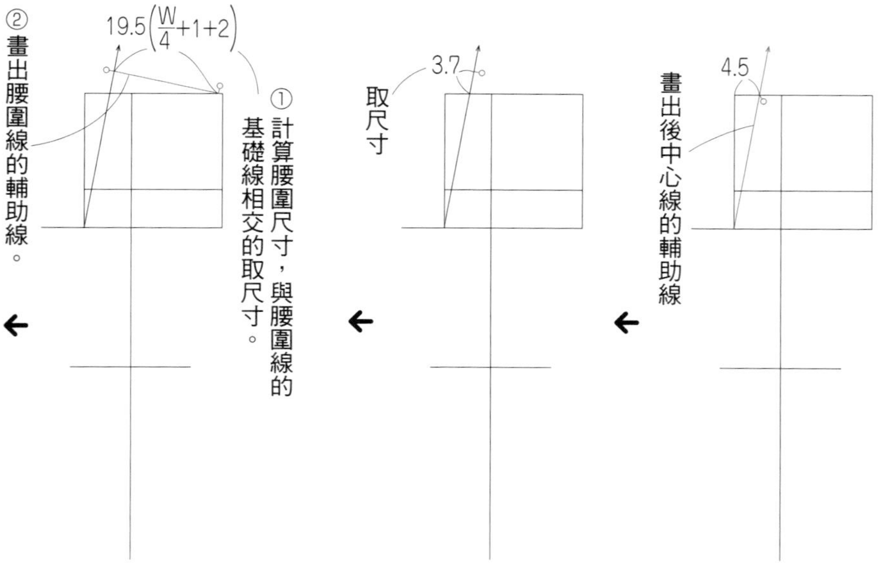
4.5
畫出後中心線的輔助線
3.7
取尺寸
19.5$\left(\frac{W}{4}+1+2\right)$
① 計算腰圍尺寸，與腰圍線的基礎線相交的取尺寸。
② 畫出腰圍線的輔助線。

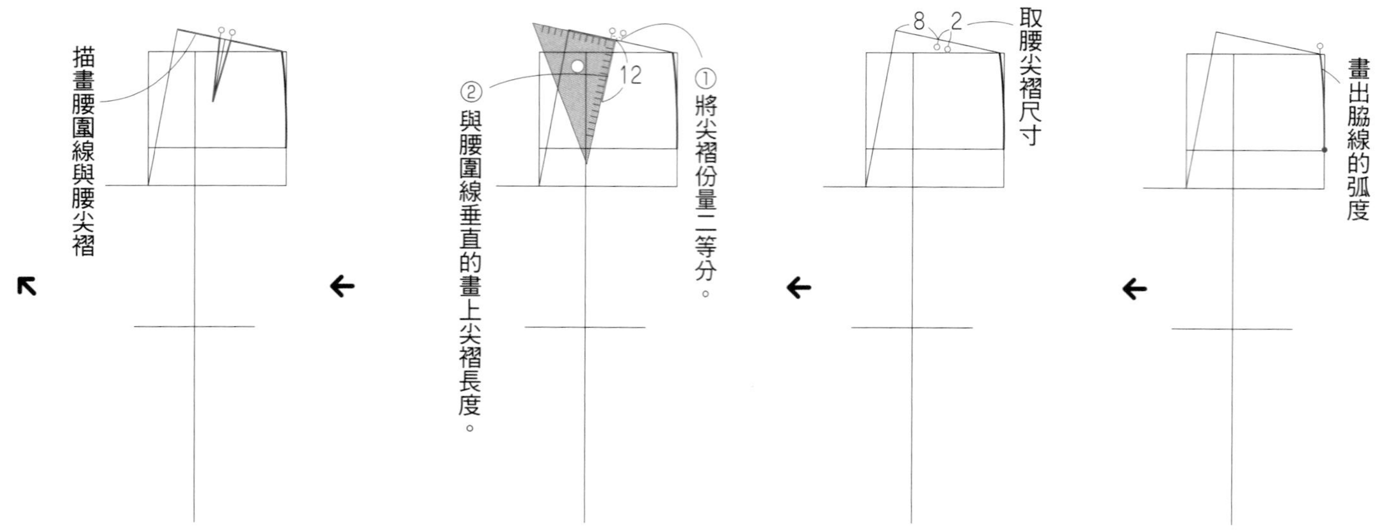
畫出脇線的弧度
8
2
取腰尖褶尺寸
① 將尖褶份量二等分。
12
② 與腰圍線垂直的畫上尖褶長度。
描畫腰圍線與腰尖褶

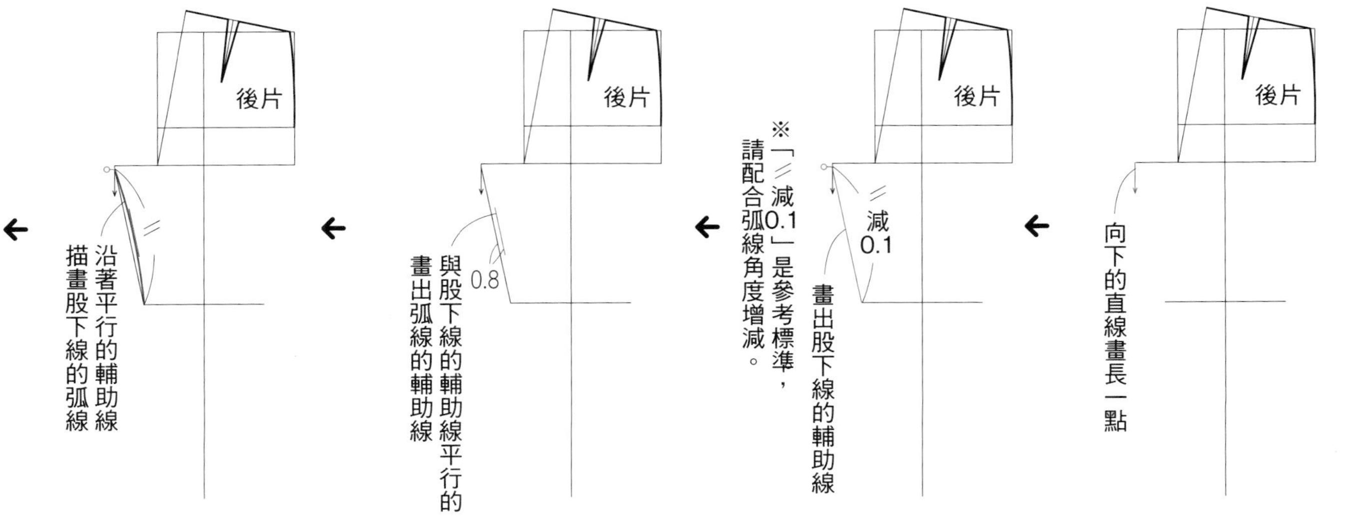
後片
向下的直線畫長一點
後片
減
0.1
畫出股下線的輔助線
※「〃減0.1」是參考標準，請配合弧線角度增減。
後片
0.8
與股下線的輔助線平行的畫出弧線的輔助線
後片
沿著平行的輔助線描畫股下線的弧線

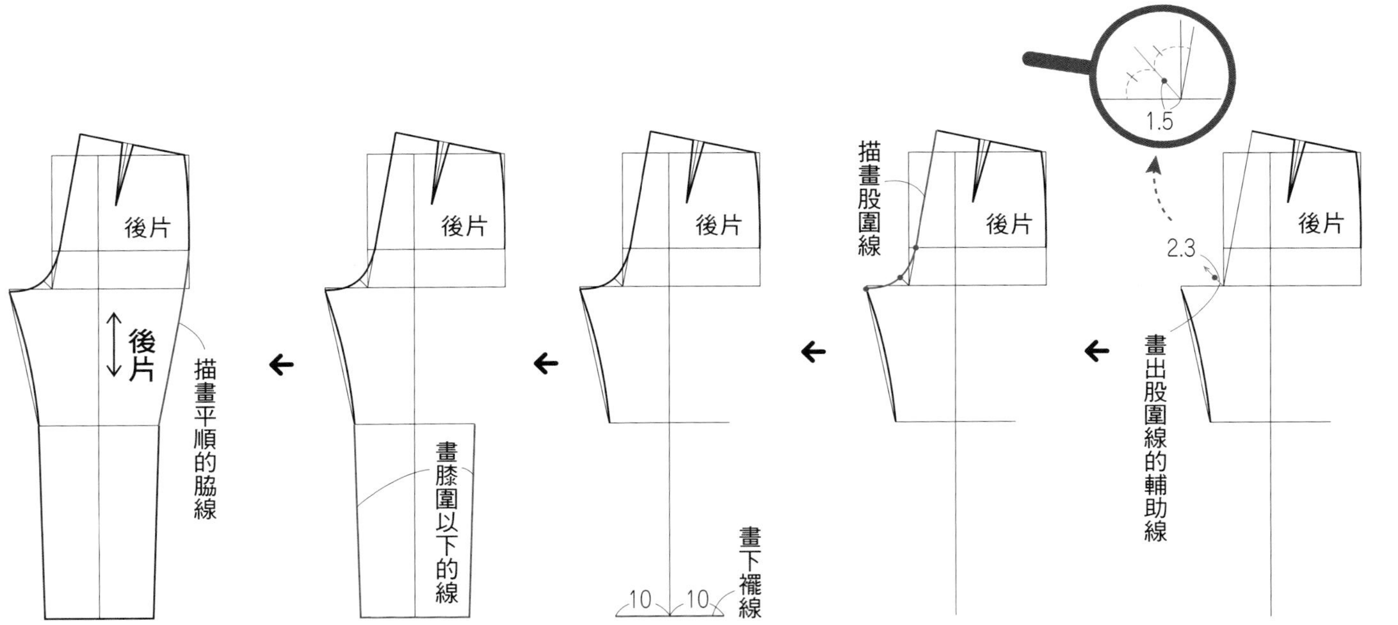
後片
1.5
2.3
畫出股圍線的輔助線
後片
描畫股圍線
後片
10
10
畫下襬線
後片
畫膝圍以下的線
後片
後片
描畫平順的脇線

看懂褲腰帶

附持出的褲腰帶基本款。請見下表列出的特徵，搭配解說的製圖加以確認。

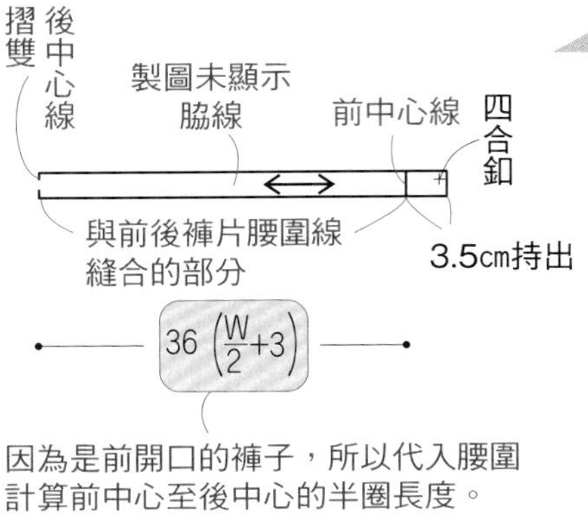
後中心線
摺雙
製圖未顯示脇線
前中心線
四合釦
與前後褲片腰圍線縫合的部分
3.5cm持出
36 $\left(\frac{W}{2}+3\right)$
因為是前開口的褲子，所以代入腰圍計算前中心至後中心的半圈長度。

- 組裝…前開口
- 拼接線…無
- 計算公式…使用腰圍尺寸計算
- 前中心…拉鍊開口（附持出）
- 後中心…「摺雙」裁剪

8 畫褲腰帶

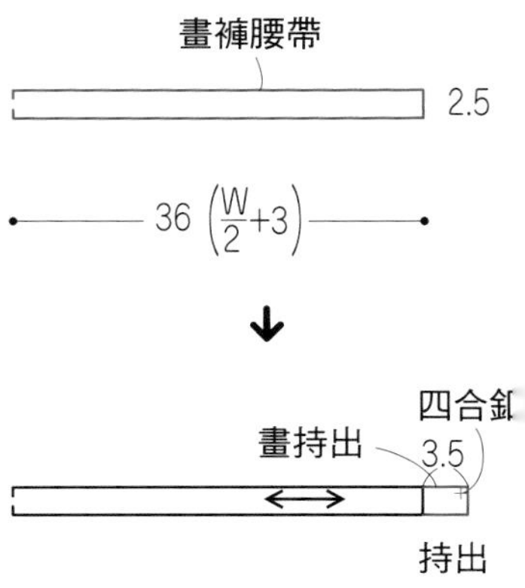
畫褲腰帶
2.5
36 $\left(\frac{W}{2}+3\right)$
四合釦
畫持出
3.5
持出

修身褲 ~文化式~

依「前褲片→持出→後褲片」的順序畫線。後褲片是複寫前褲片線條製圖。

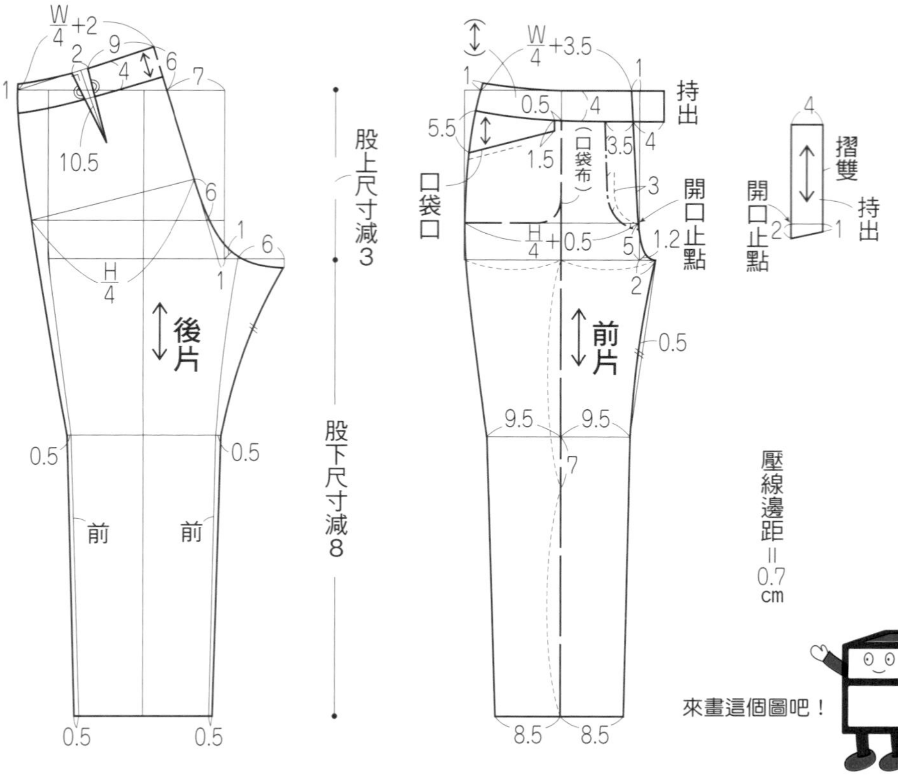

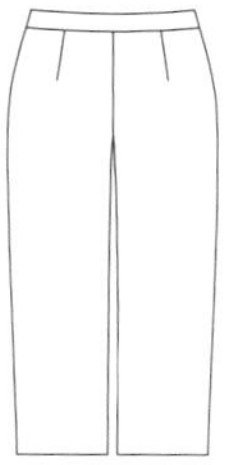

壓線邊距＝0.7cm

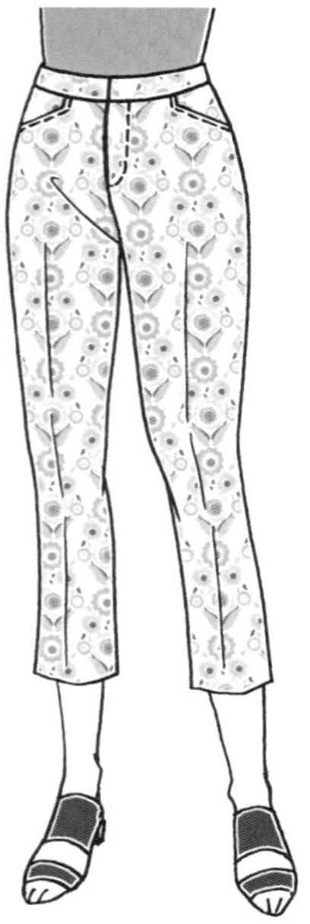

製圖的畫法

● ＝經過交點時的記號

⚲ ＝在線上取尺寸時的記號

1 畫前褲片的基礎線

※詳細的基礎線畫線順序請參考P.36。

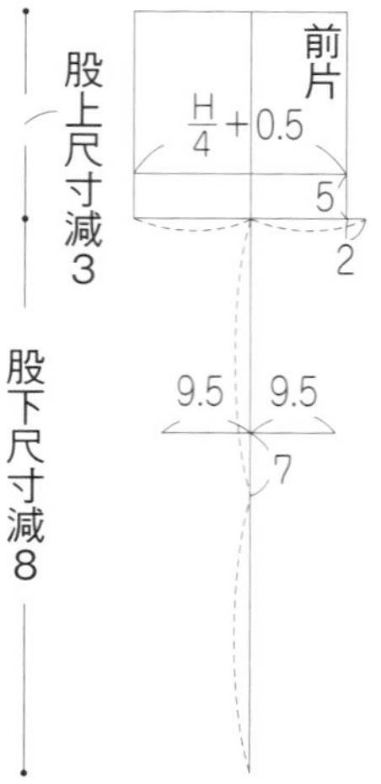

2 畫前褲片的完成線

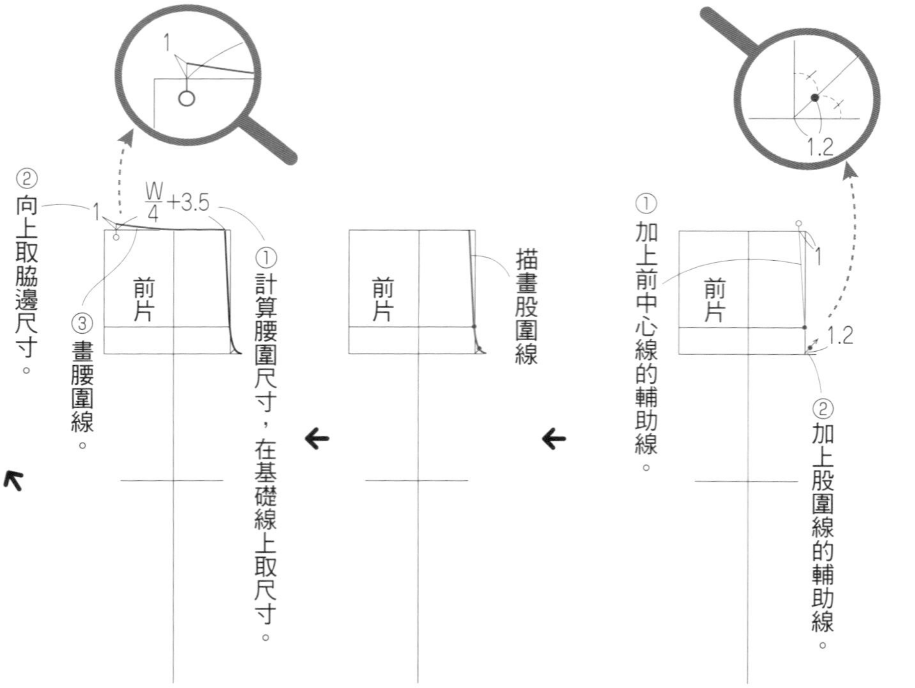

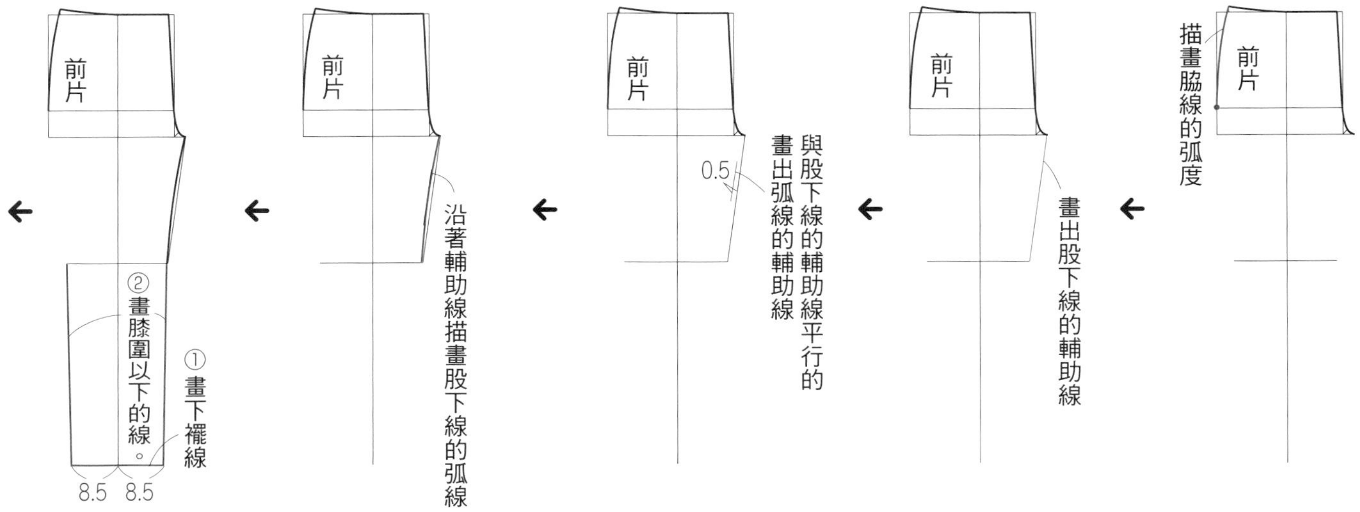
描畫脇線的弧度
前片
畫出股下線的輔助線
前片
與股下線的輔助線平行的畫出弧線的輔助線
0.5
前片
沿著輔助線描畫股下線的弧線
前片
①畫下襬線
②畫膝圍以下的線。
前片
8.5
8.5

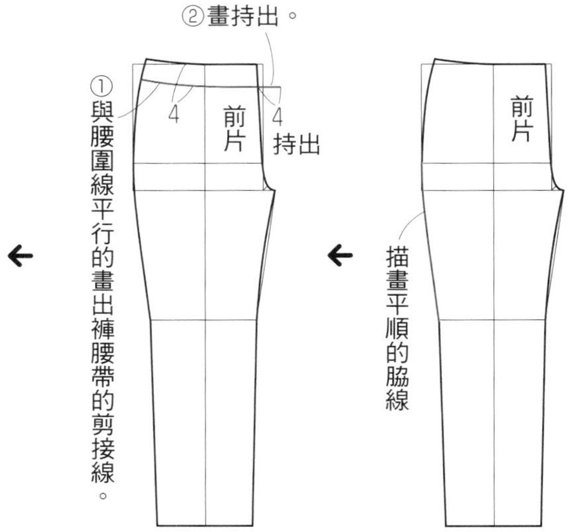
前片
描畫平順的脇線
①與腰圍線平行的畫出褲腰帶的剪接線。
②畫持出。
4
4
持出
前片
①平行延長腰圍線。
②向下畫垂直線。
前片

3 畫口袋口與口袋布

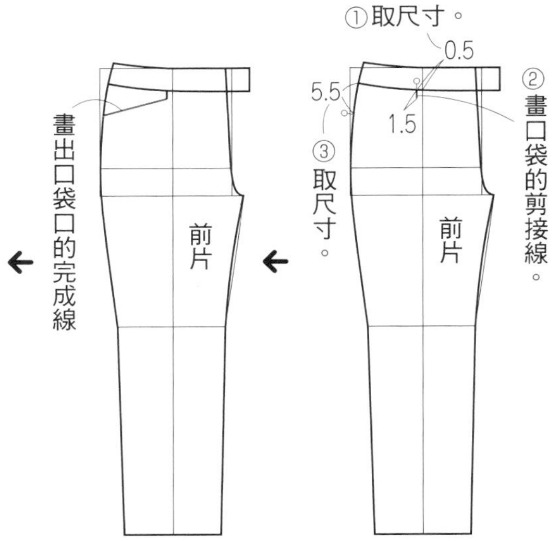
①取尺寸。
0.5
5.5
1.5
②畫口袋的剪接線。
③取尺寸。
前片
畫出口袋口的完成線
前片

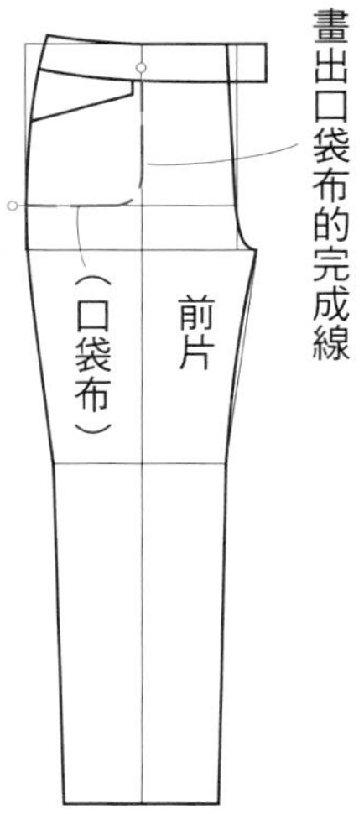
畫出口袋布的完成線
（口袋布）
前片

無輔助線的弧線畫法

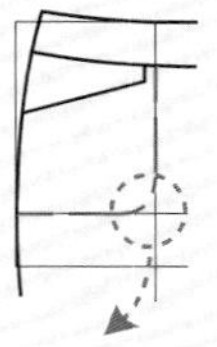

當尺寸太小時會省略掉畫弧線用的輔助線，就在0.1至0.9cm之間描畫平順的弧線吧。

4 畫貼邊線

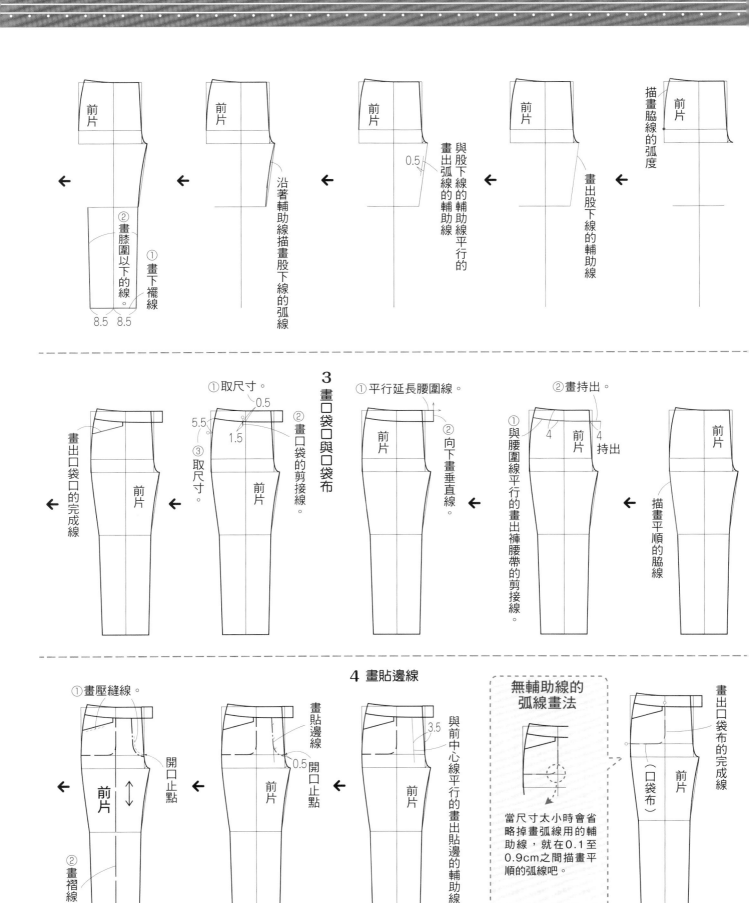

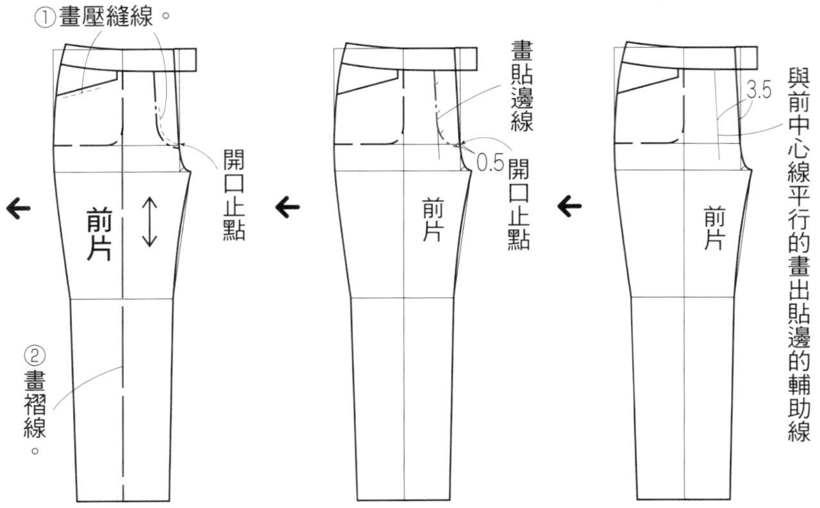
與前中心線平行的畫出貼邊的輔助線
3.5
前片
畫貼邊線
0.5
開口止點
前片
①畫壓縫線。
開口止點
前片
②畫褶線。

5 畫持出

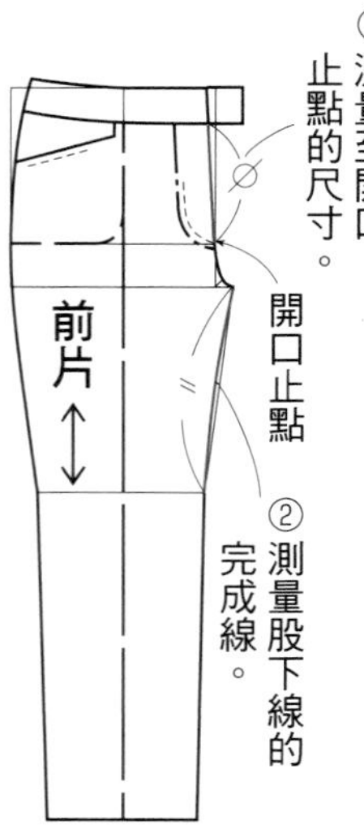

① 測量至開口止點的尺寸。
開口止點
② 測量股下線的完成線。
前片

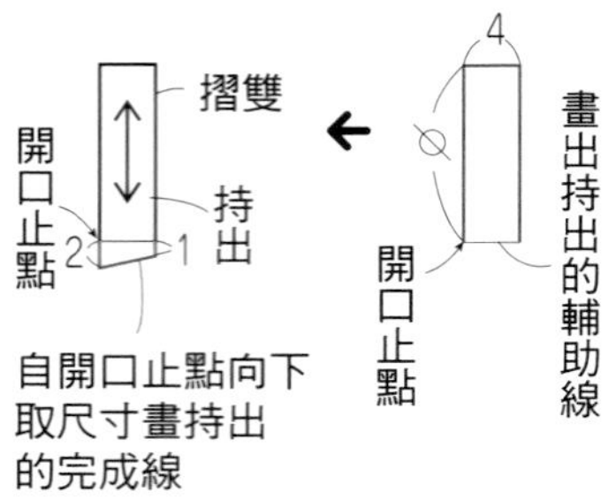

畫出持出的輔助線
4
開口止點
摺雙
持出
開口止點
2
1
自開口止點向下取尺寸畫持出的完成線

6 畫後褲片的基礎線

※詳細的基礎線畫法請參考P.36。

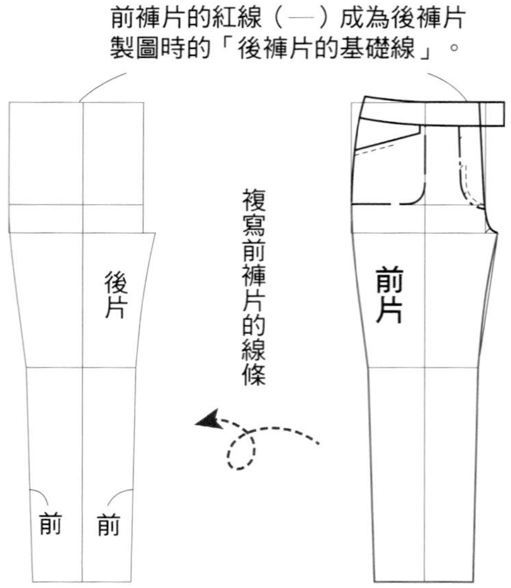

前褲片的紅線（—）成為後褲片製圖時的「後褲片的基礎線」。
前片
複寫前褲片的線條
後片
前
前

7 畫後褲片的完成線

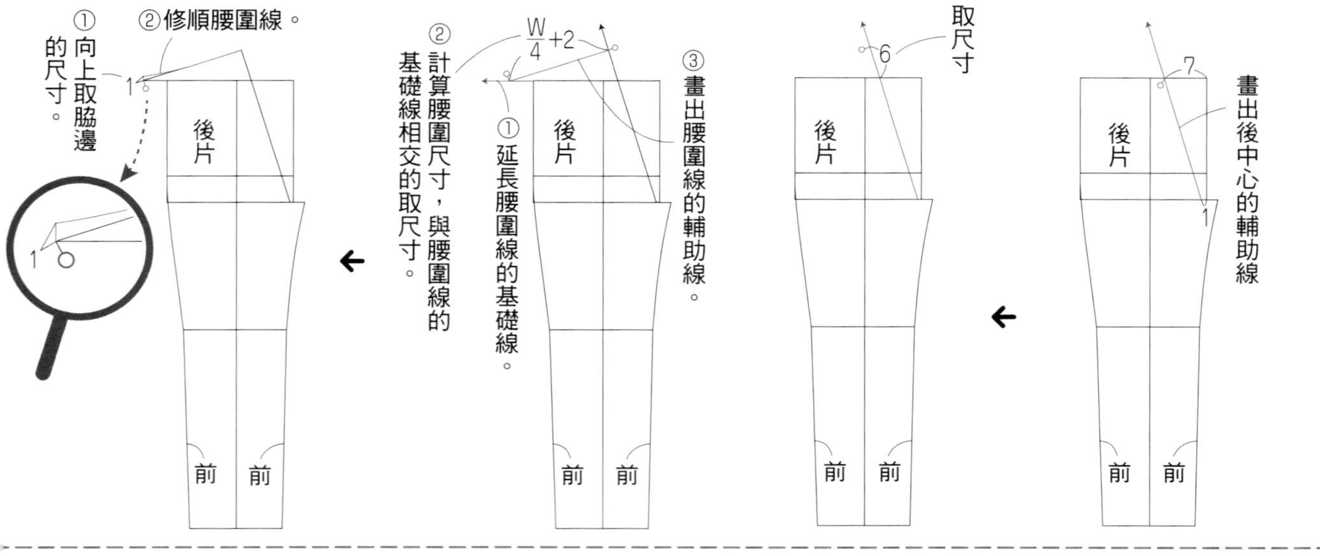

畫出後中心的輔助線
7
1
後片
前
前
取尺寸
6
後片
前
前
③ 畫出腰圍線的輔助線。
① 延長腰圍線的基礎線。
② 計算腰圍尺寸，與腰圍線的基礎線相交的取尺寸。
W/4+2
後片
前
前
② 修順腰圍線。
① 向上取脇邊的尺寸。
1
後片
前
前

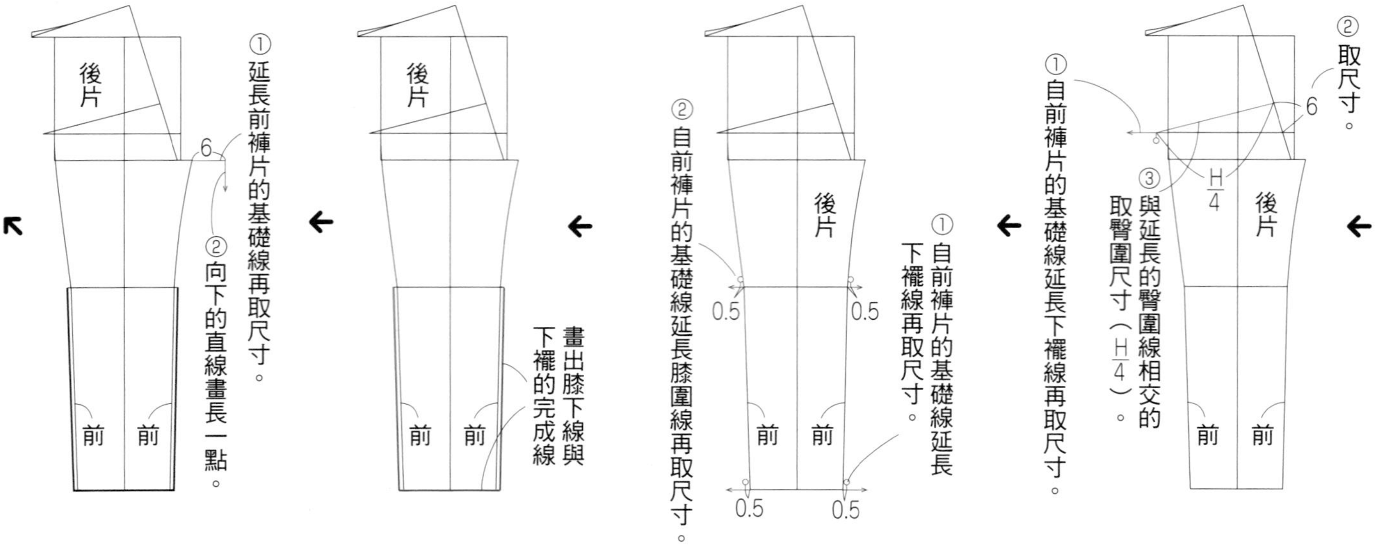

② 取尺寸。
6
③ 與延長的臀圍線相交的取臀圍尺寸（H/4）。
H/4
後片
前
前
① 自前褲片的基礎線延長下襬線再取尺寸。
① 自前褲片的基礎線延長下襬線再取尺寸。
② 自前褲片的基礎線延長膝圍線再取尺寸。
0.5
0.5
0.5
0.5
後片
前
前
畫出膝下線與下襬的完成線
後片
前
前
① 延長前褲片的基礎線再取尺寸。
② 向下的直線畫長一點。
6
後片
前
前

描畫後股下線弧線的重點

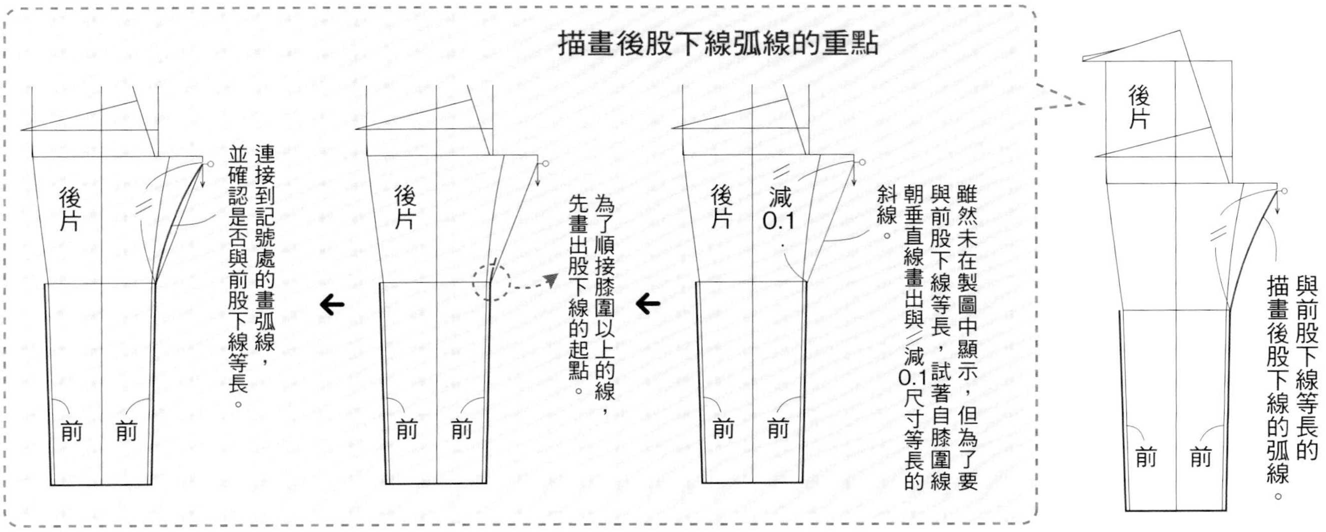
後片
與前股下線等長的描畫後股下線的弧線。
雖然未在製圖中顯示，但為了要與前股下線等長，試著自膝圍線朝垂直線畫出與〃減0.1尺寸等長的斜線。
後片
減0.1
為了順接膝圍以上的線，先畫出股下線的起點。
後片
連接到記號處的畫弧線，並確認是否與前股下線等長。
後片
前
前

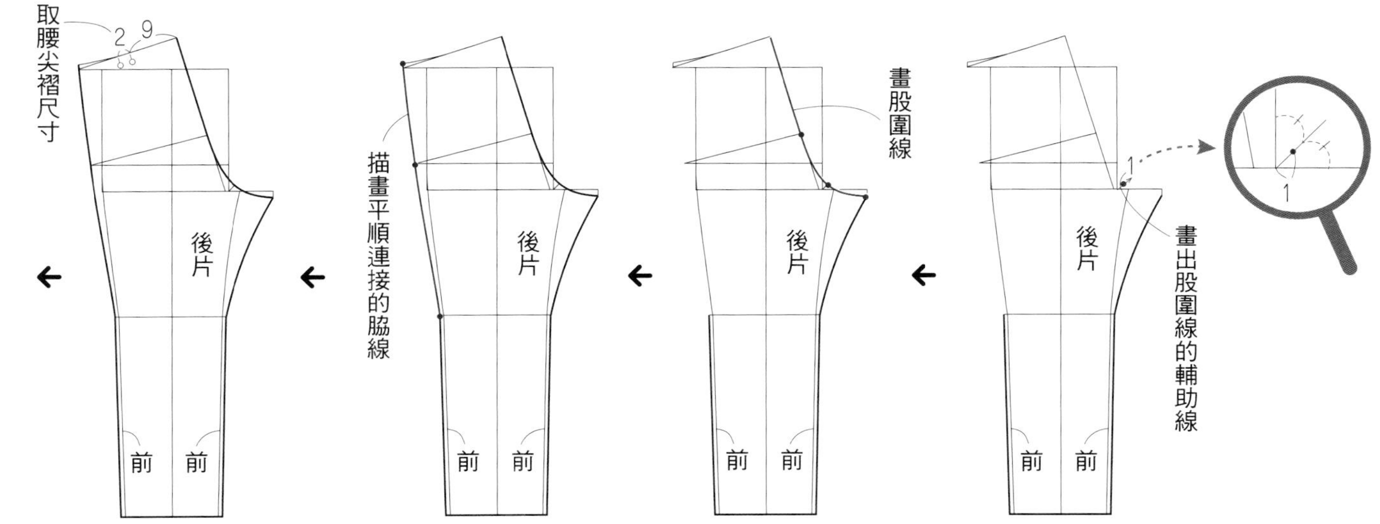
1
1
畫出股圍線的輔助線
後片
畫股圍線
後片
描畫平順連接的脇線
後片
取腰尖褶尺寸
2.9
後片
前
前

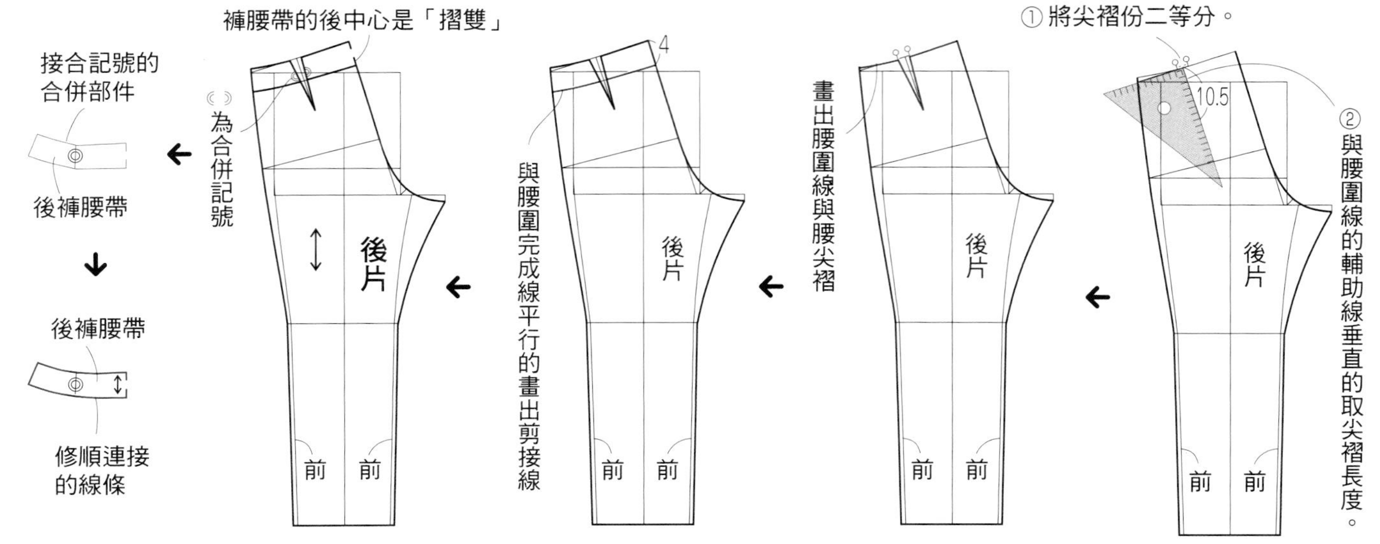
①將尖褶份二等分。
10.5
②與腰圍線的輔助線垂直的取尖褶長度。
後片
畫出腰圍線與腰尖褶
後片
4
與腰圍完成線平行的畫出剪接線
後片
褲腰帶的後中心是「摺雙」
後片
◎為合併記號
接合記號的合併部件
後褲腰帶
後褲腰帶
修順連接的線條
前
前

Lesson 3 修身褲 ~登麗美式~

依「前褲片→前褲腰帶→持出→後褲片」的順序畫線。後褲片是複寫前褲片的線條製圖。

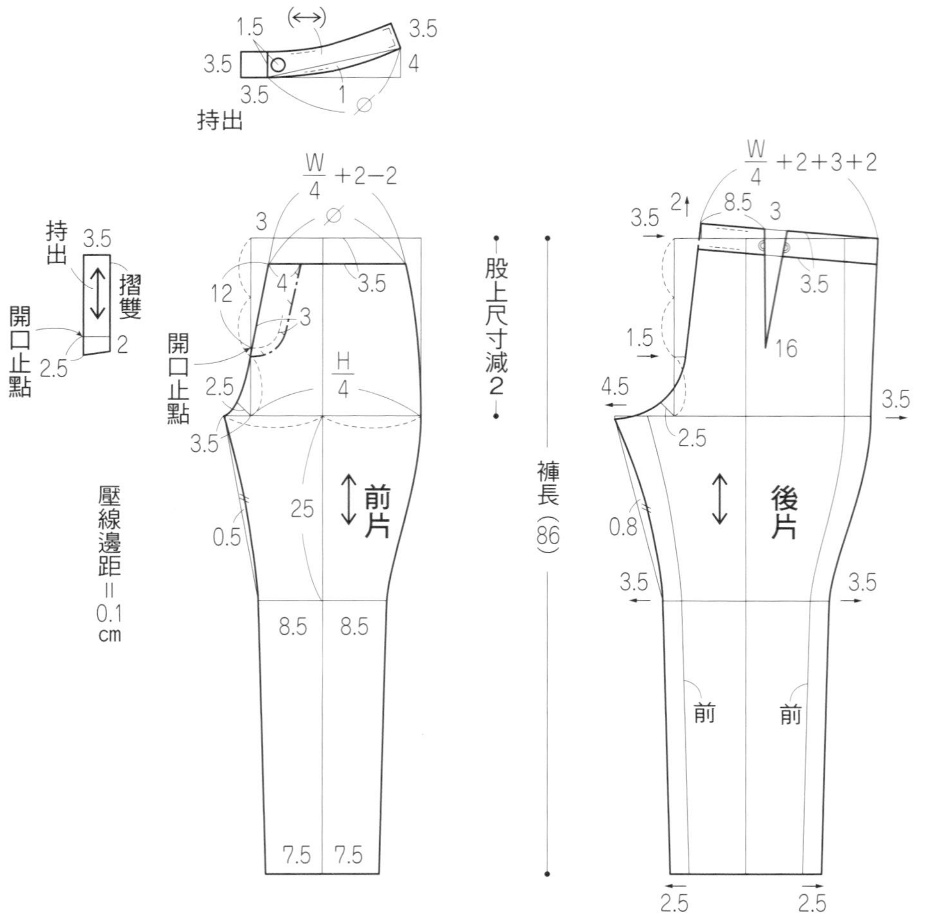

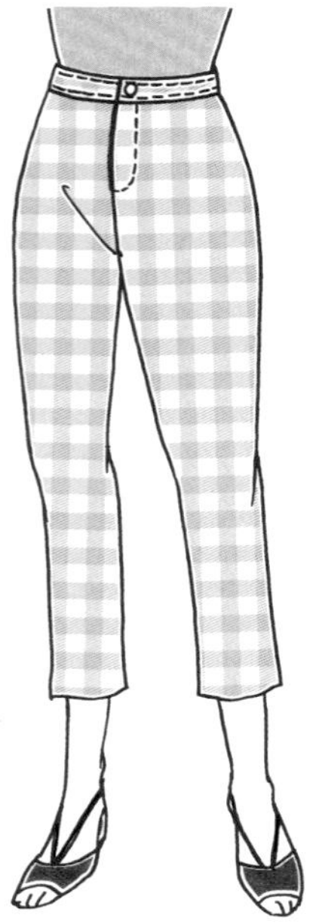

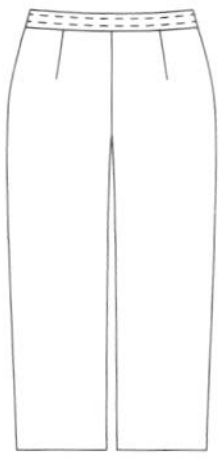

製圖的畫法

● ＝經過交點時的記號

♀ ＝在線上取尺寸時的記號

1 畫前褲片的基礎線

※詳細的基礎線畫法請參考P.38。

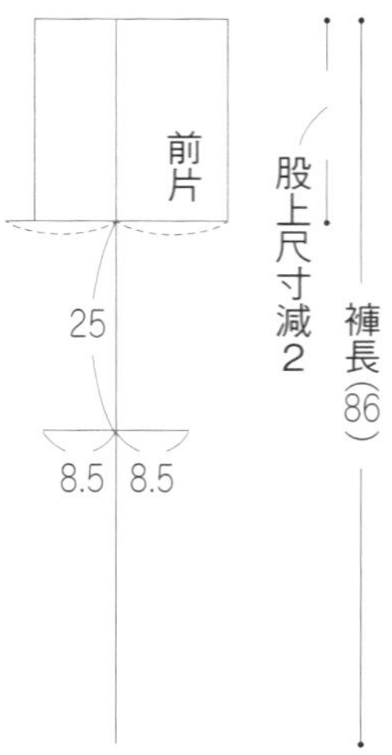

2 畫前褲片的完成線

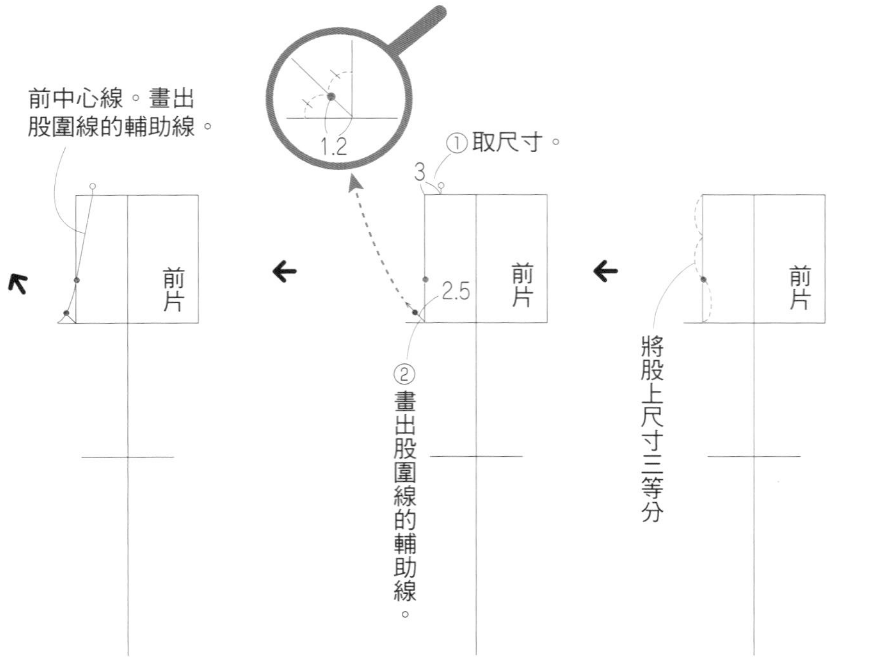

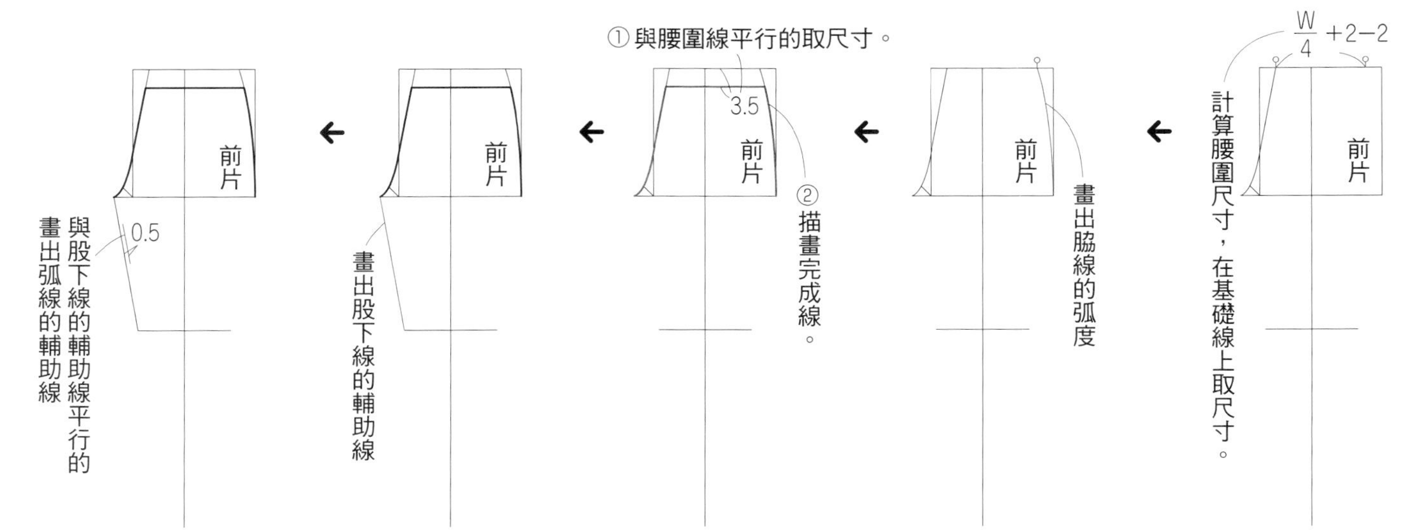

W/4 +2−2
前片
計算腰圍尺寸，在基礎線上取尺寸。
前片
畫出脇線的弧度
①與腰圍線平行的取尺寸。
3.5
前片
②描畫完成線。
前片
畫出股下線的輔助線
前片
0.5
與股下線的輔助線平行的畫出弧線的輔助線

4 畫貼邊線

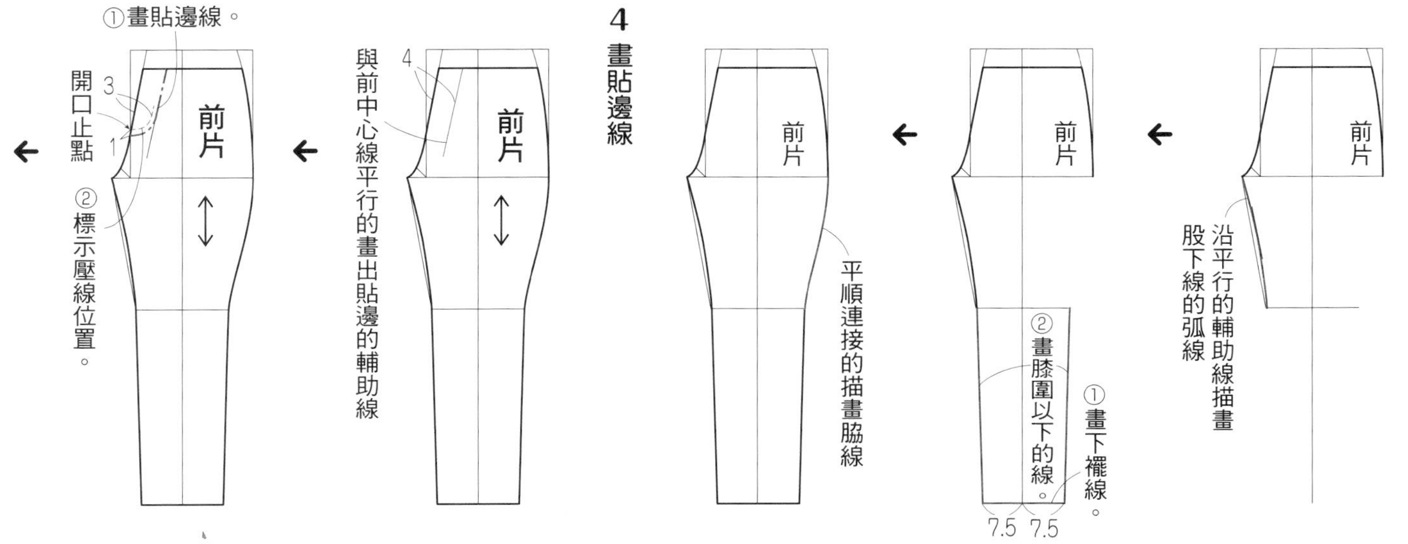

前片
沿平行的輔助線描畫股下線的弧線
前片
①畫下襬線。
②畫膝圍以下的線。
7.5 7.5
前片
平順連接的描畫脇線
4
前片
與前中心線平行的畫出貼邊的輔助線
①畫貼邊線。
3
1
開口止點
前片
②標示壓線位置。

確認開口止點位置與貼邊線的方法

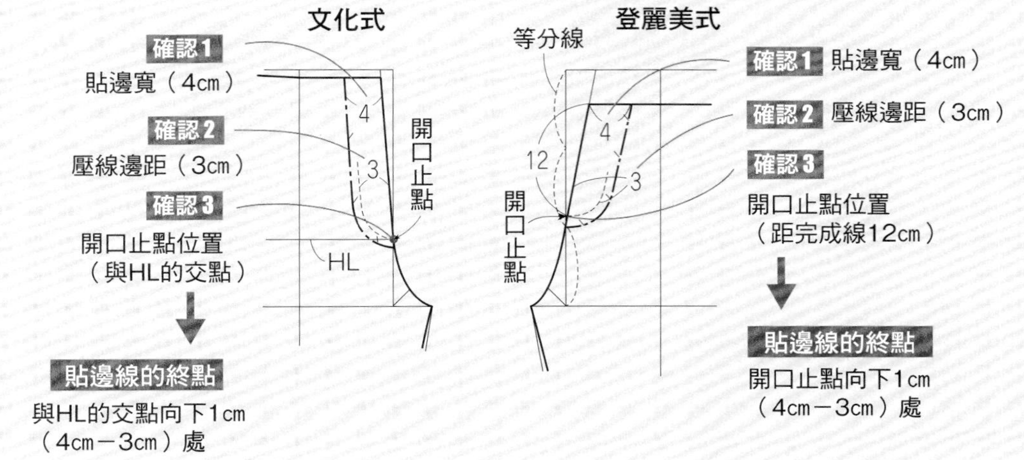

文化式
確認1
貼邊寬（4㎝）
確認2
壓線邊距（3㎝）
確認3
開口止點位置
（與HL的交點）
貼邊線的終點
與HL的交點向下1㎝
（4㎝−3㎝）處
4
3
HL
開口止點
登麗美式
等分線
4
12
3
開口止點
確認1 貼邊寬（4㎝）
確認2 壓線邊距（3㎝）
確認3
開口止點位置
（距完成線12㎝）
貼邊線的終點
開口止點向下1㎝
（4㎝−3㎝）處

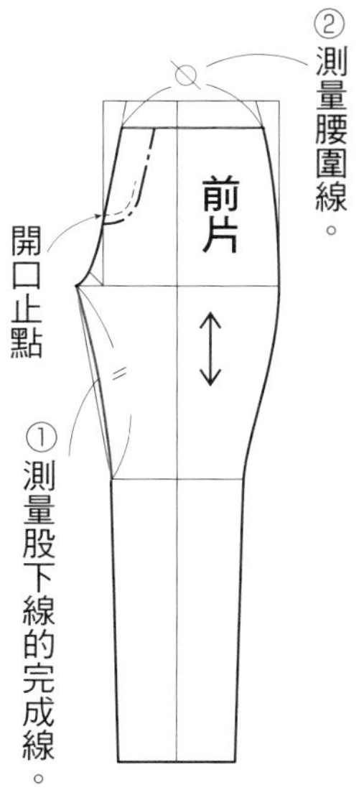

②測量腰圍線。
前片
開口止點
①測量股下線的完成線。

4 畫前褲腰帶

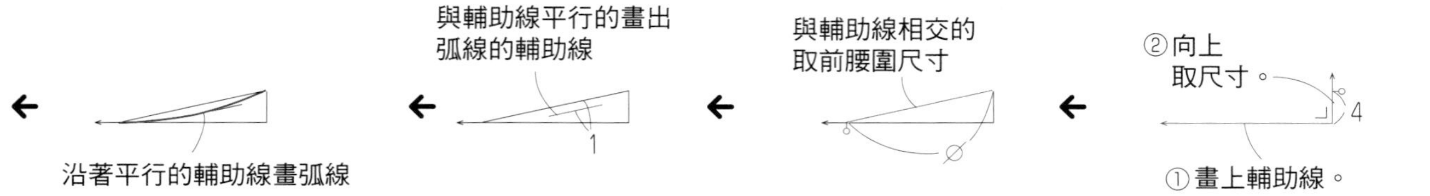

②向上
取尺寸。
4
①畫上輔助線。
與輔助線相交的
取前腰圍尺寸
與輔助線平行的畫出
弧線的輔助線
1
沿著平行的輔助線畫弧線

①與完成線成直角的
取脇側的褲腰帶寬。
3.5
3.5
②取前中心側的
褲腰帶寬。
取直角的方法
①將三角尺對齊完成線。
②可以畫出垂直線。
※依疊至線條的起點決定角度。
與完成線垂直
畫一條約3cm的線
與之前畫好的
完成線平行的畫線

5 畫持出

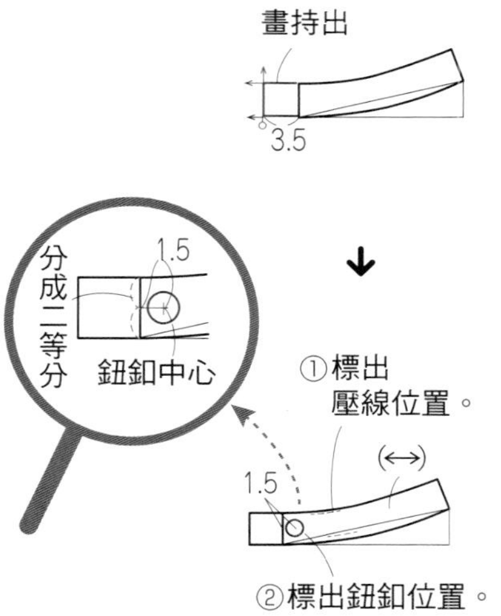

畫持出
3.5
分成二等分
1.5
鈕釦中心
①標出
壓線位置。
(↔)
1.5
②標出鈕釦位置。

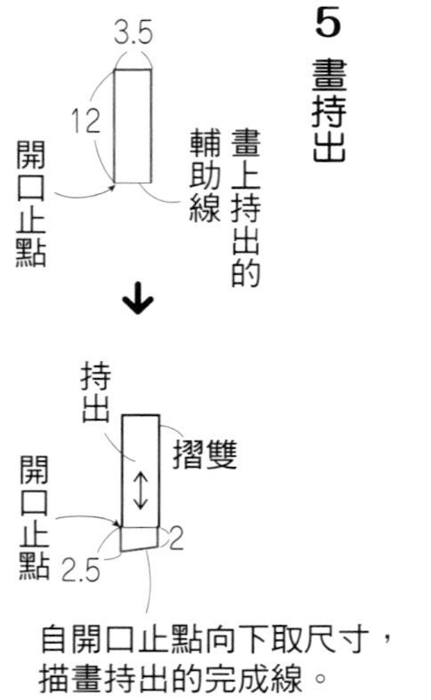

3.5
12
開口止點
畫上持出的輔助線
持出
摺雙
開口止點
2.5
2
自開口止點向下取尺寸，
描畫持出的完成線。

6 畫後褲片的基礎線

※詳細的基礎線畫法請參考P.38。

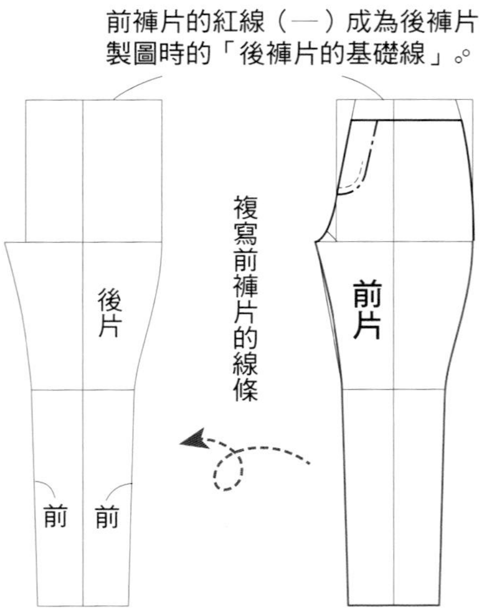

前褲片的紅線（—）成為後褲片
製圖時的「後褲片的基礎線」。
複寫前褲片的線條
後片
前片
前
前

7 畫後褲片的完成線

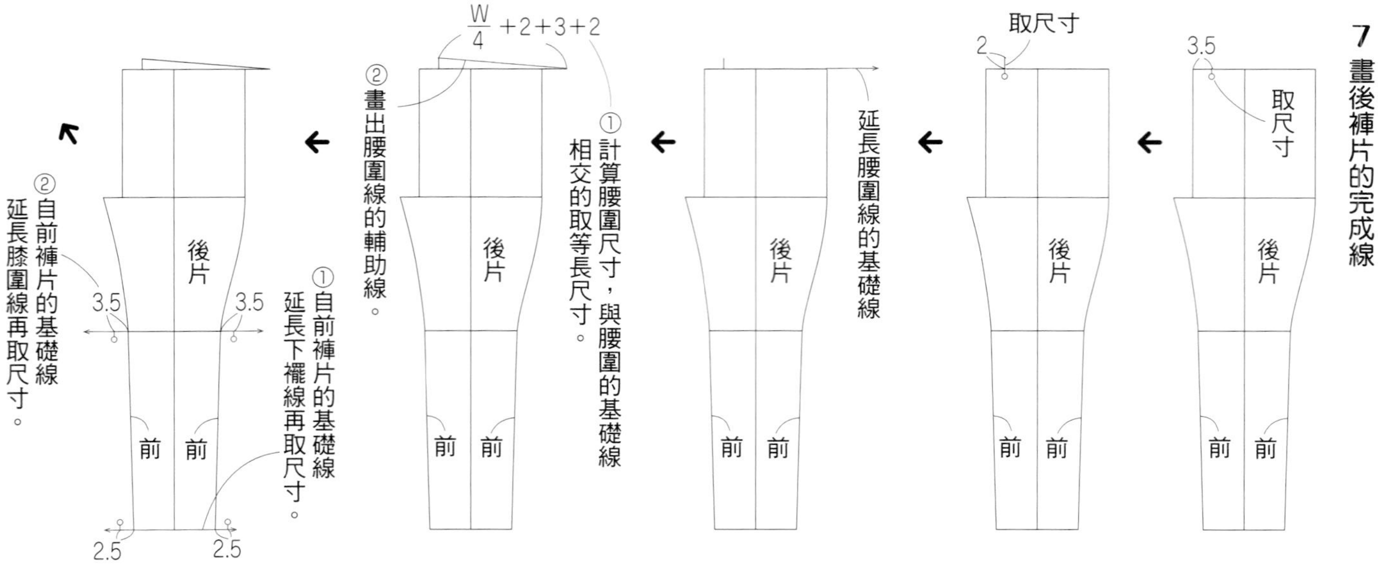

3.5
取尺寸
後片
前
前
取尺寸
2
後片
前
前
延長腰圍線的基礎線
後片
前
前
W/4 +2+3+2
①計算腰圍尺寸，與腰圍的基礎線相交的取等長尺寸。
②畫出腰圍線的輔助線。
後片
前
前
①自前褲片的基礎線延長下襬線再取尺寸。
②自前褲片的基礎線延長膝圍線再取尺寸。
3.5
3.5
後片
前
前
2.5
2.5

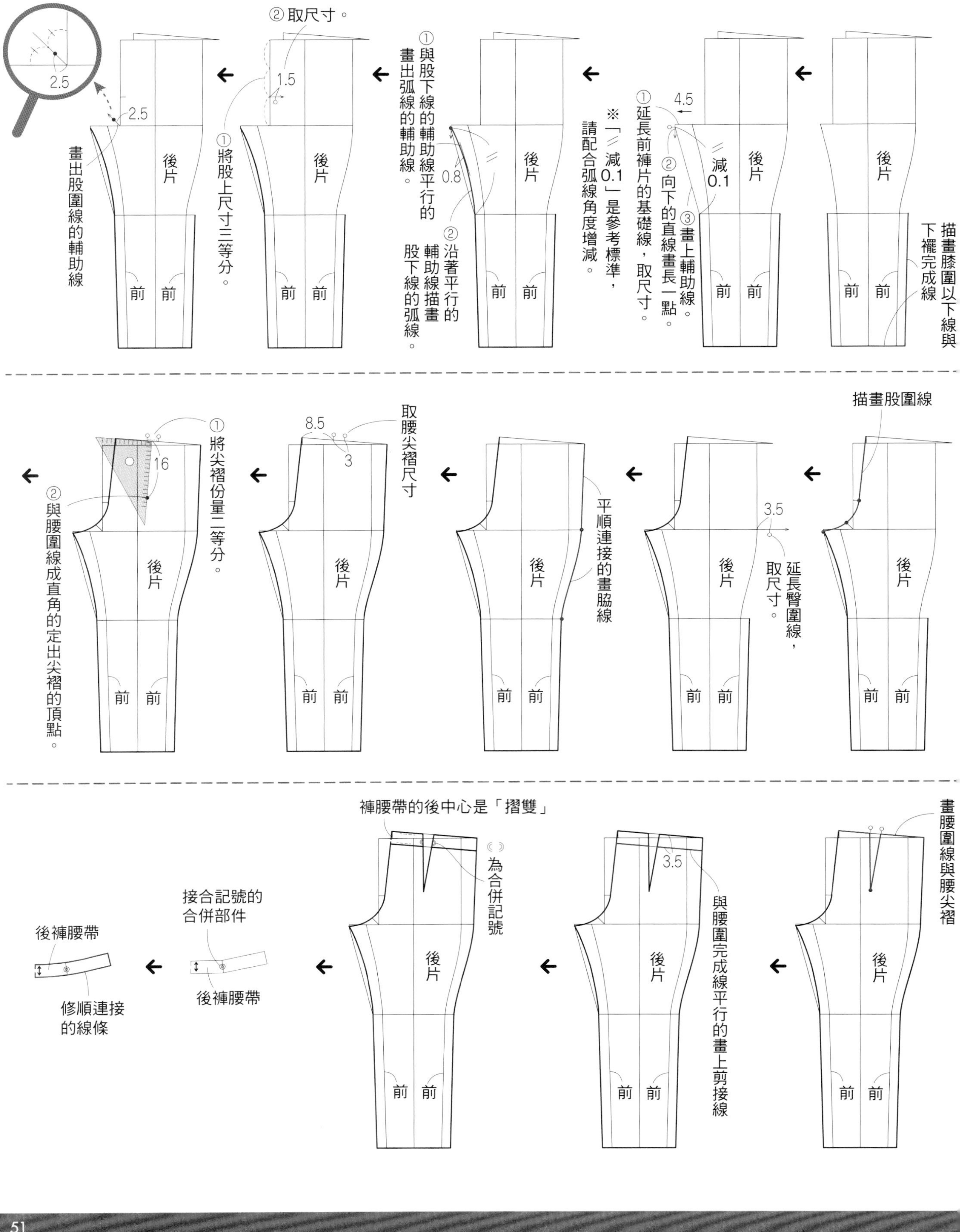
描畫膝圍以下線與下襬完成線
後片
前
①延長前褲片的基礎線，取尺寸。
②向下的直線畫長一點。
③畫上輔助線。
4.5
〃減0.1
※「〃減0.1」是參考標準，請配合弧線角度增減。
①與股下線的輔助線平行的畫出弧線的輔助線。
②沿著平行的輔助線描畫股下線的弧線。
0.8
②取尺寸。
1.5
①將股上尺寸三等分。
2.5
畫出股圍線的輔助線
描畫股圍線
3.5
延長臀圍線，取尺寸。
平順連接的畫脇線
8.5
3
取腰尖褶尺寸
①將尖褶份量二等分。
16
②與腰圍線成直角的定出尖褶的頂點。
畫腰圍線與腰尖褶
3.5
與腰圍完成線平行的畫上剪接線
褲腰帶的後中心是「摺雙」
◎為合併記號
接合記號的合併部件
後褲腰帶
後褲腰帶
修順連接的線條

LESSON 1 褲裙 ～直接製圖～

依「前褲片→後褲片→褲腰帶」的順序畫線。前褲片與後褲片各自製圖。

練習畫褲裙

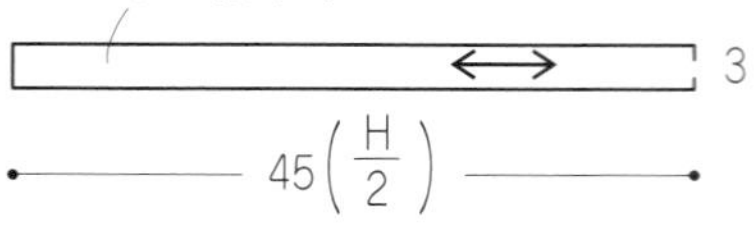

女性9號

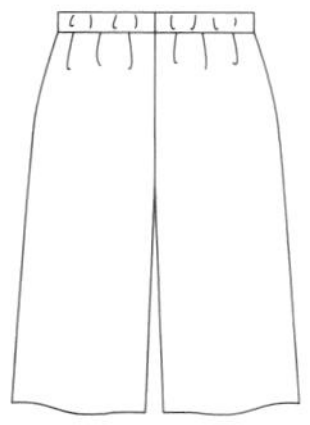

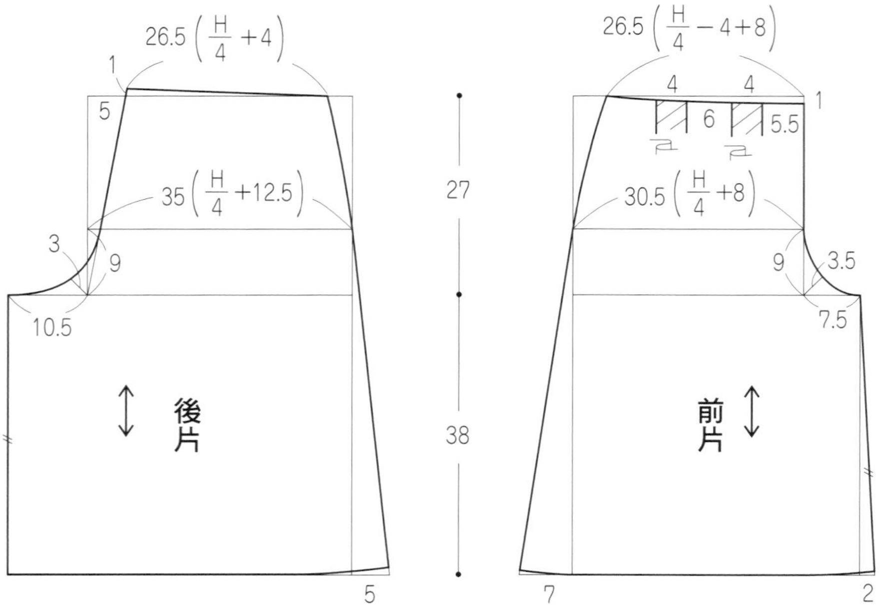

來畫這個圖吧！

製圖的畫法

● ＝經過交點時的記號

⚲ ＝在線上取尺寸的記號

1 畫前褲片的基礎線

※詳細的基礎線畫線順序請參考P.34。

製圖導航

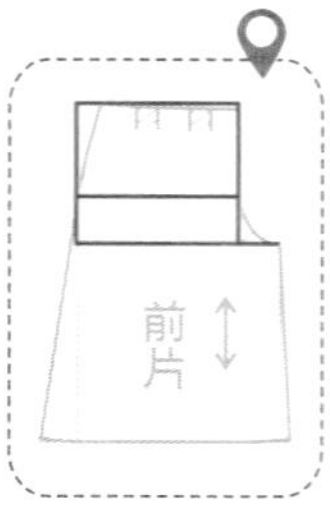

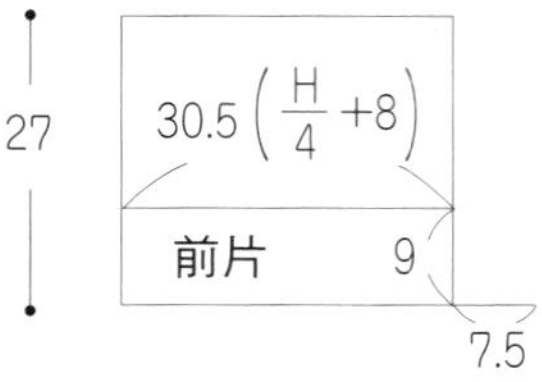

2 畫前褲片的完成線

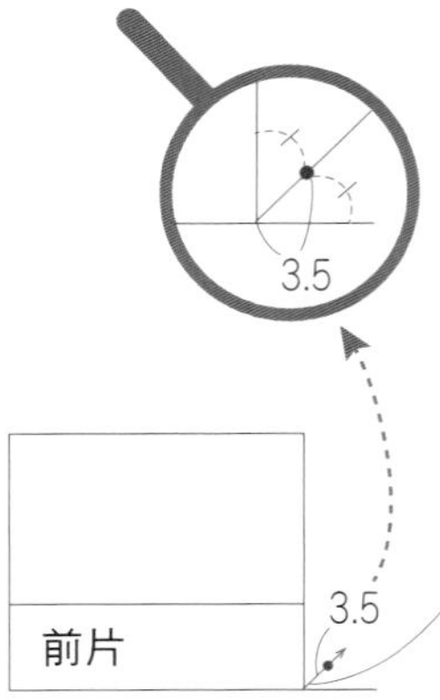

畫出股圍線的輔助線

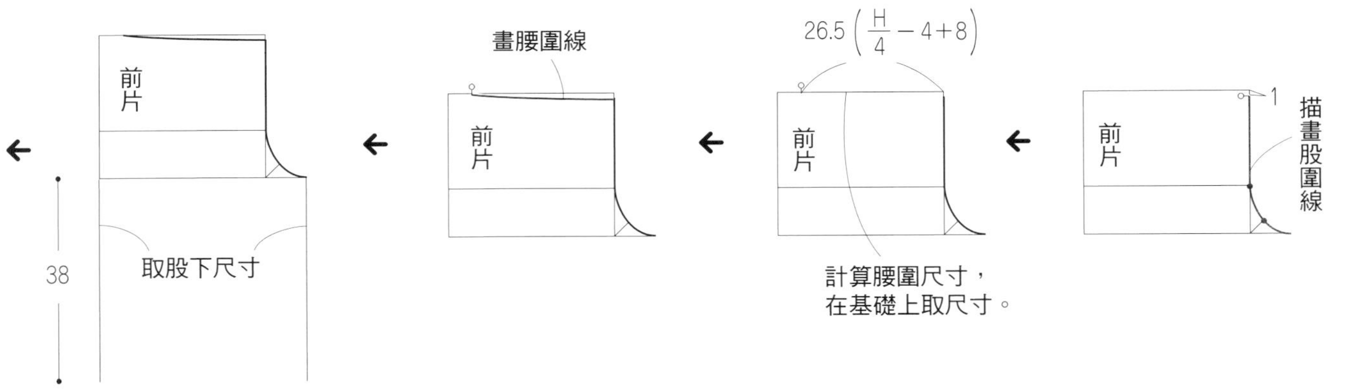
描畫股圍線
1
前片
26.5 $\left(\frac{H}{4}-4+8\right)$
計算腰圍尺寸，
在基礎上取尺寸。
畫腰圍線
取股下尺寸
38

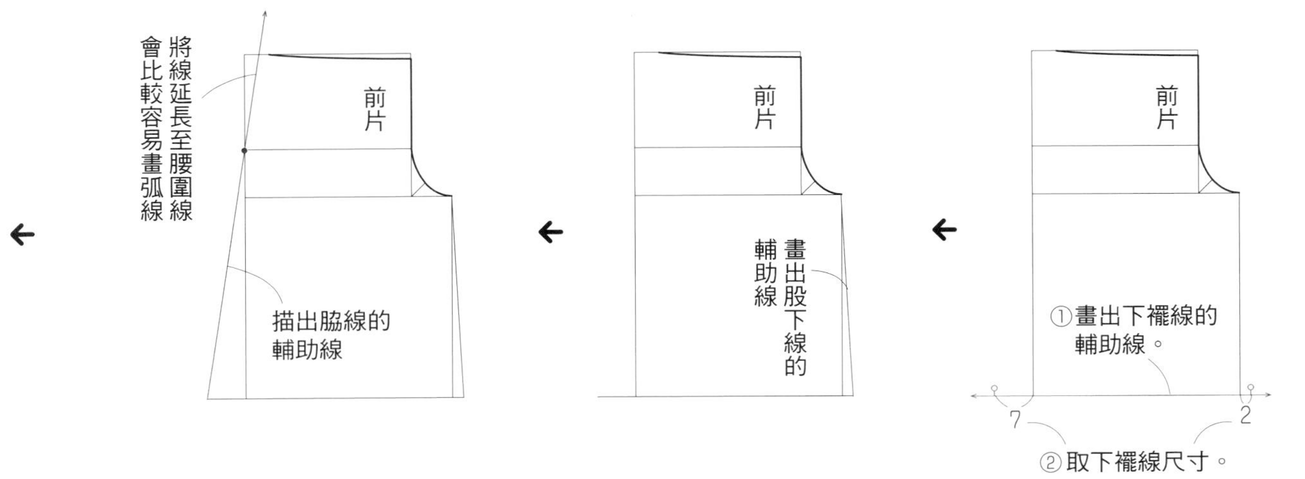
前片
①畫出下襬線的
輔助線。
7
2
②取下襬線尺寸。
畫出股下線的輔助線
描出脇線的
輔助線
將線延長至腰圍線
會比較容易畫弧線

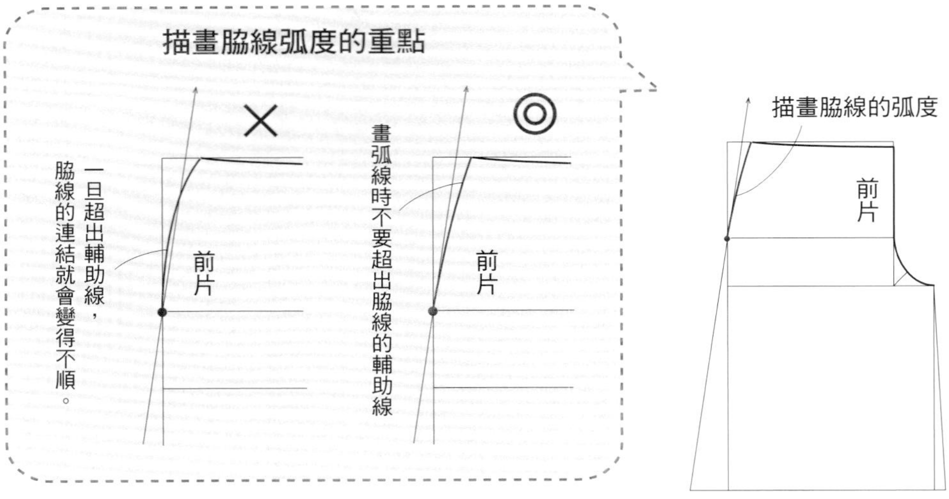
描畫脇線的弧度
前片
描畫脇線弧度的重點
◎
畫弧線時不要超出脇線的輔助線
×
一旦超出輔助線，
脇線的連結就會變得不順。

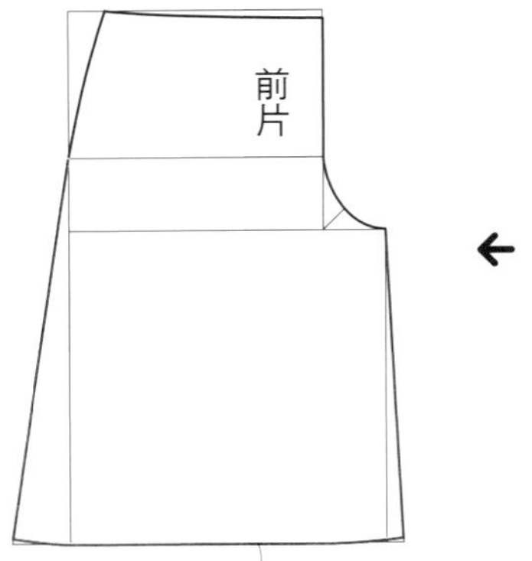
前片

完成後褲片的製圖後，將股下線、脇線及下襬線與前褲片的合併，檢查線條能否整齊平順的連接（參考P.55的說明）。

3 畫後褲片的基礎線

※詳細的基礎線畫法請參考P.34。

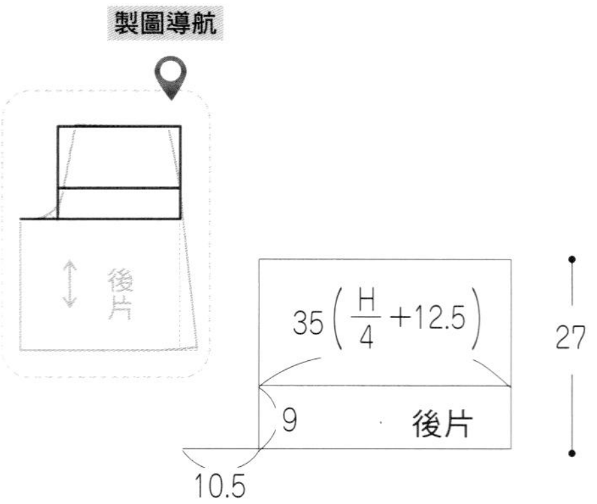
製圖導航
後片
35 $\left(\frac{H}{4}+12.5\right)$
27
9
後片
10.5

4 畫後褲片的完成線

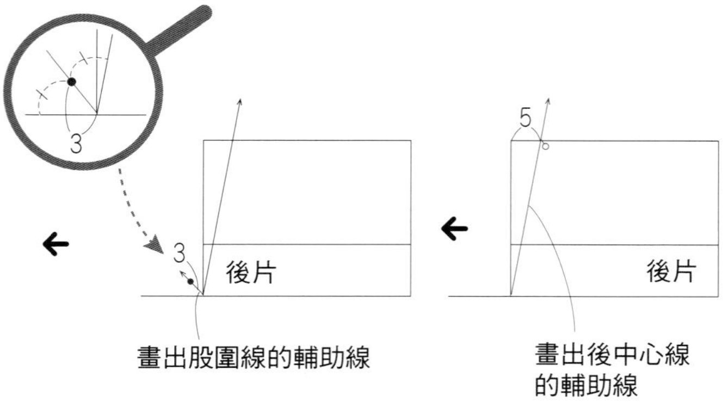
5
後片
畫出後中心線
的輔助線
3
3
後片
畫出股圍線的輔助線

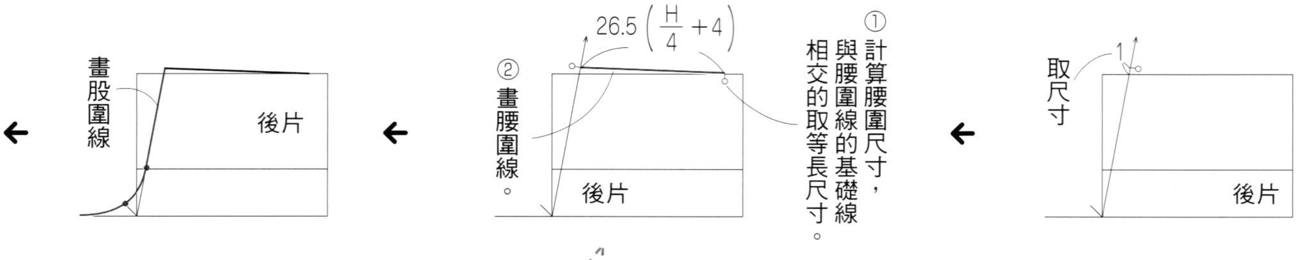
1
取尺寸
後片
①計算腰圍尺寸，與腰圍線的基礎線相交的取等長尺寸。
26.5 $\left(\frac{H}{4}+4\right)$
②畫腰圍線。
後片
畫股圍線
後片

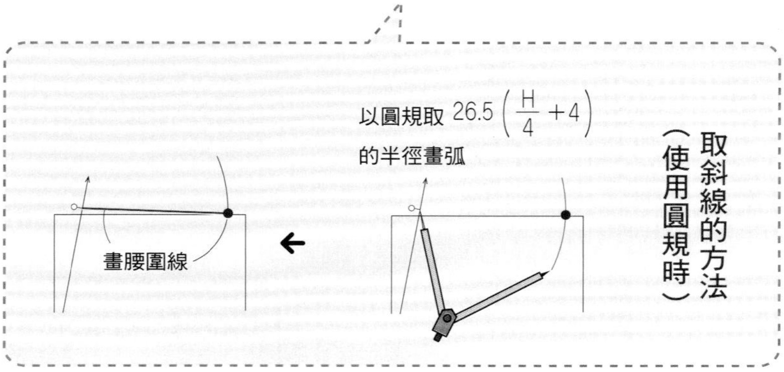
取斜線的方法（使用圓規時）
以圓規取 26.5 $\left(\frac{H}{4}+4\right)$
的半徑畫弧
畫腰圍線

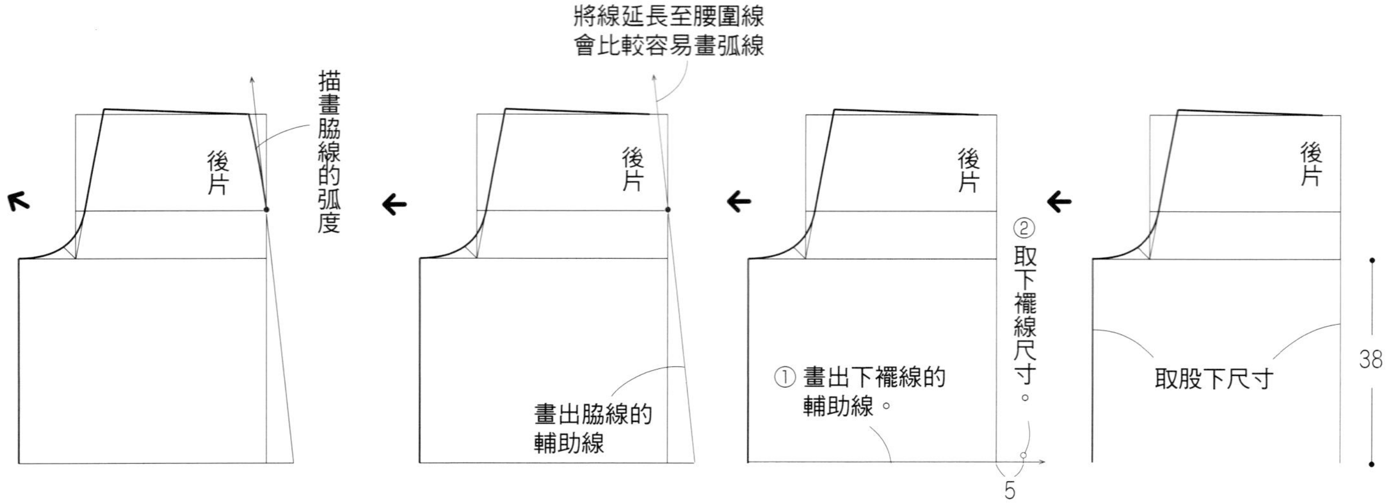
後片
38
取股下尺寸
後片
②取下襬線尺寸。
5
①畫出下襬線的輔助線。
將線延長至腰圍線
會比較容易畫弧線
後片
畫出脇線的
輔助線
描畫脇線的弧度
後片

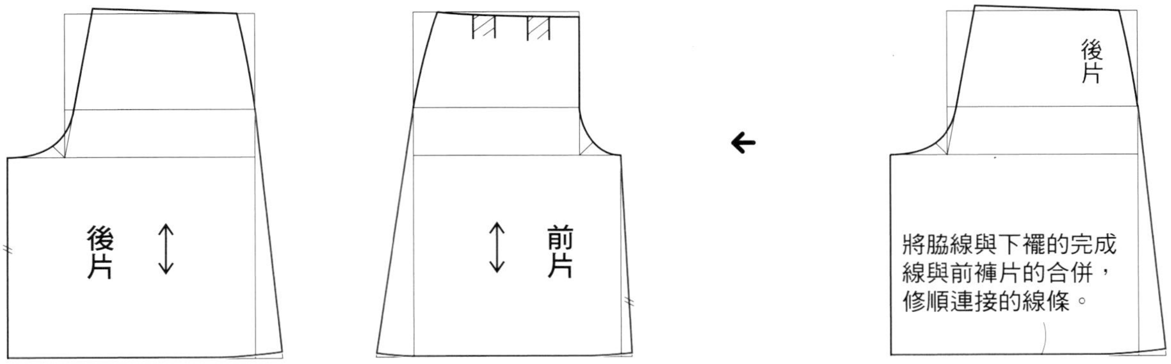

後片
前片
後片
將脇線與下襬的完成線與前褲片的合併，修順連接的線條。

為避免股下線、脇線及下襬線在縫合時長度不一致，
需在製作紙型時檢查長度是否一致，這點很重要。

合併線條進行修正的方法

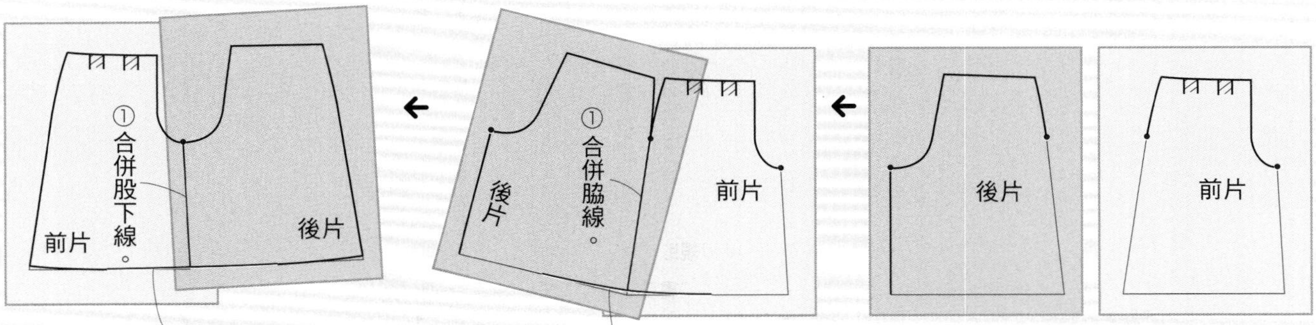

看懂褲腰帶

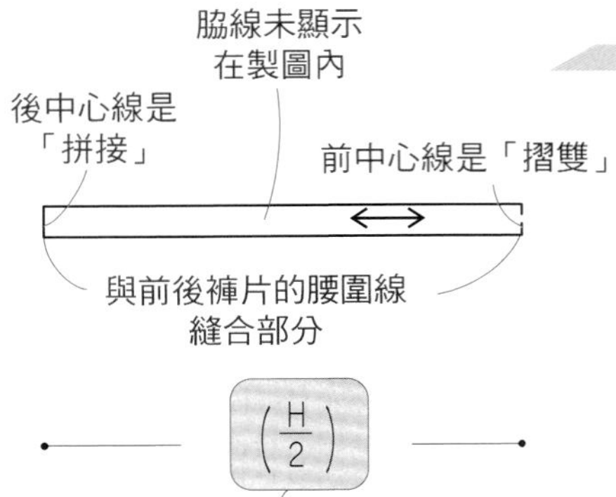

因為沒有開口，如果使用腰圍尺寸計算，可能臀部會塞不進去，請務必代入臀圍計算製圖。

沒有開口，屬於代入臀圍計算製圖類型的腰帶。請見下表列出的特徵，搭配解說的製圖加以確認。

- 組裝…無開口
- 拼接線…後中心
- 計算公式…代入臀圍計算
- 前中心…「摺雙」裁剪
- 後中心…拼接線

8 畫褲腰帶

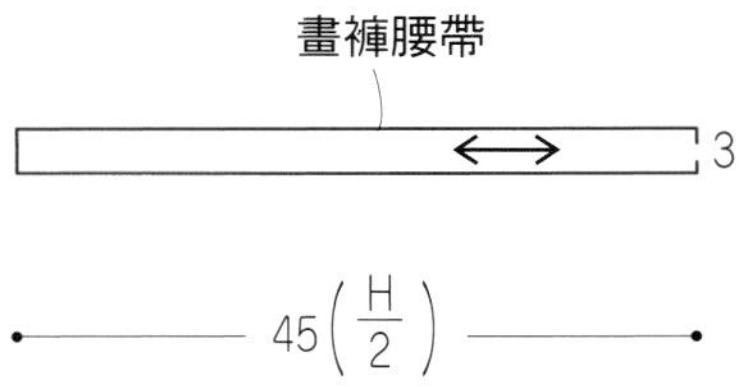

Lesson 2

褲裙 ～登麗美式～

依「前褲片→後褲片→褲腰帶」的順序畫線。前褲片與後褲片各自製圖。

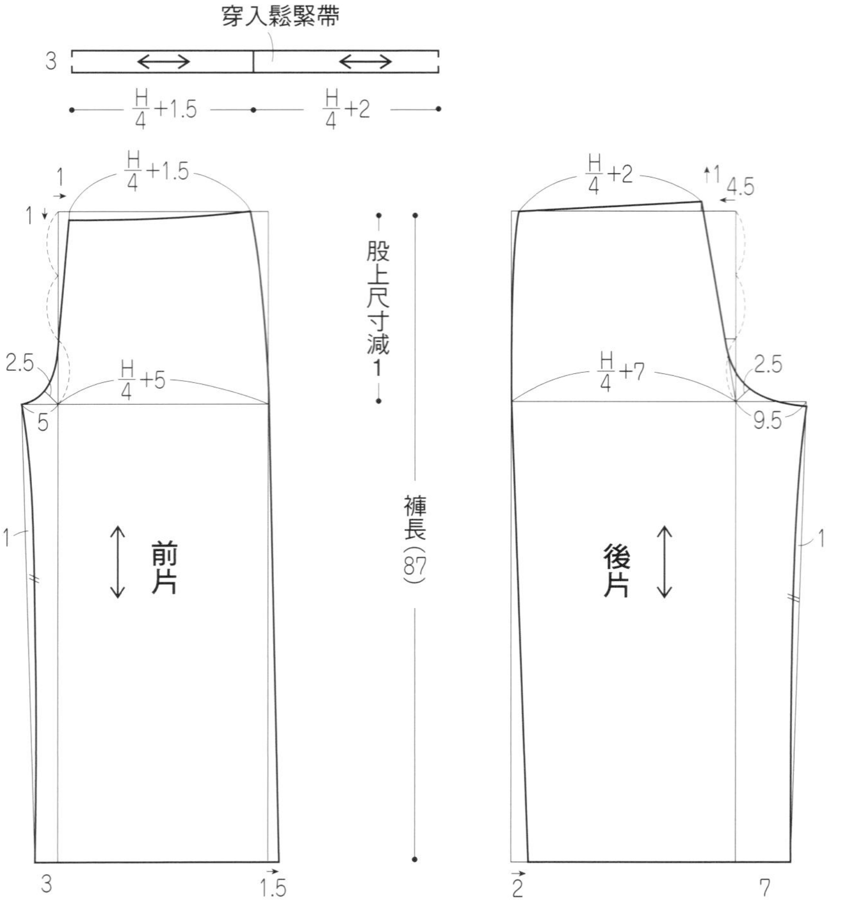

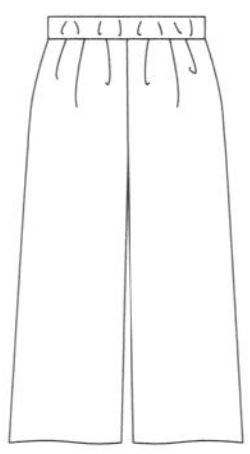

製圖的畫法

● ＝經過交點時的記號

⚲ ＝在線上取尺寸時的記號

1 畫前褲片的基礎線

※詳細的基礎線畫線順序請參考P.38。

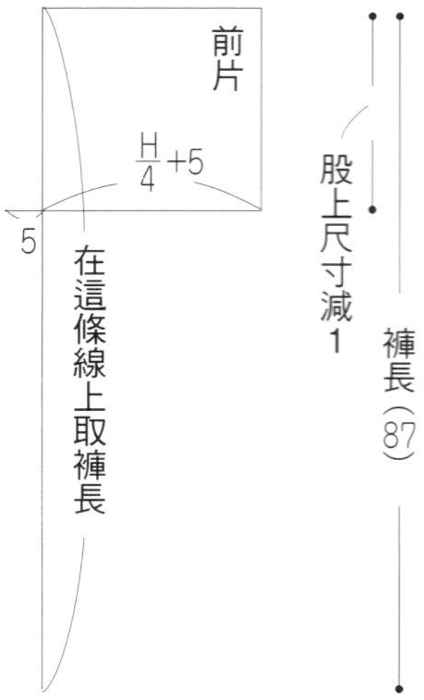

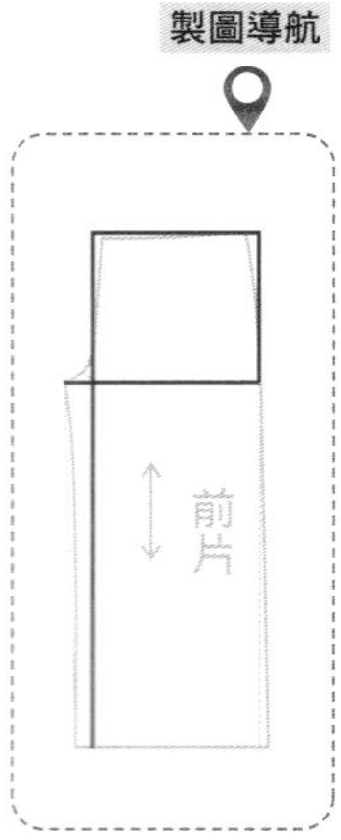

2 畫前褲片的完成線

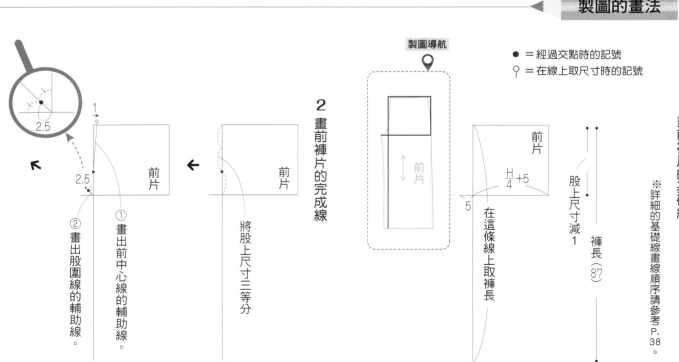

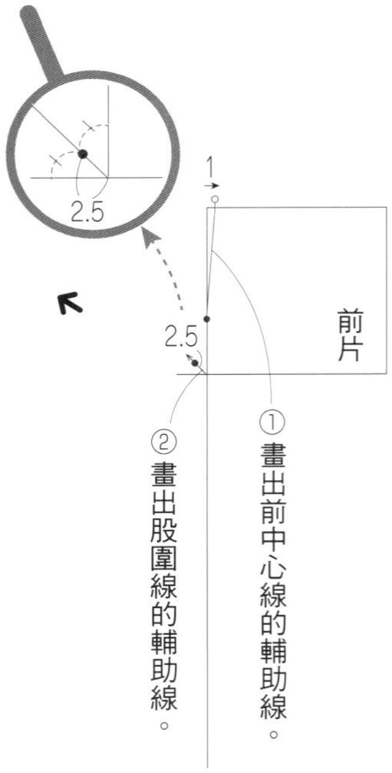

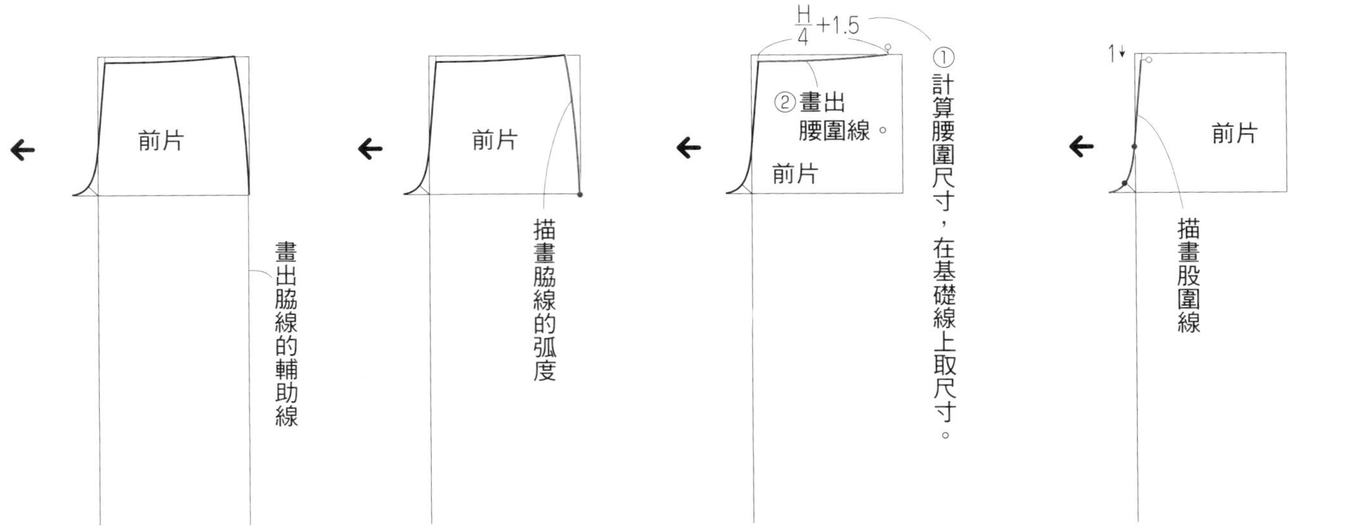

描畫股圍線
1
前片
①計算腰圍尺寸，在基礎線上取尺寸。
H/4+1.5
②畫出腰圍線。
前片
描畫脇線的弧度
前片
畫出脇線的輔助線
前片

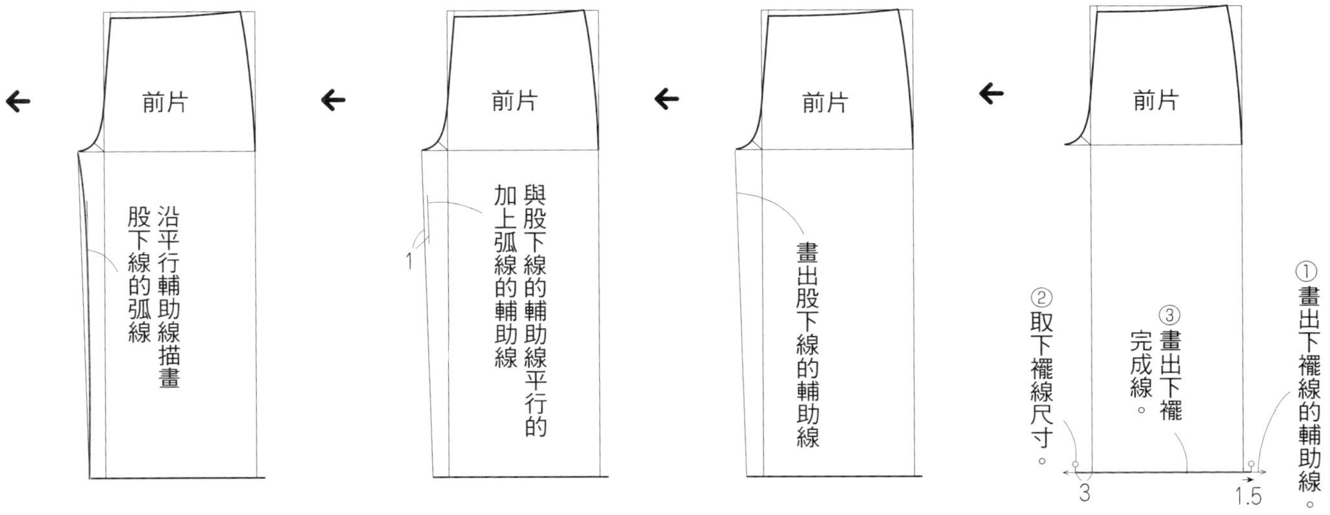

①畫出下襬線的輔助線。
②取下襬線尺寸。
③畫出下襬完成線。
3
1.5
前片
畫出股下線的輔助線
前片
與股下線的輔助線平行的加上弧線的輔助線
1
前片
沿平行輔助線描畫股下線的弧線
前片

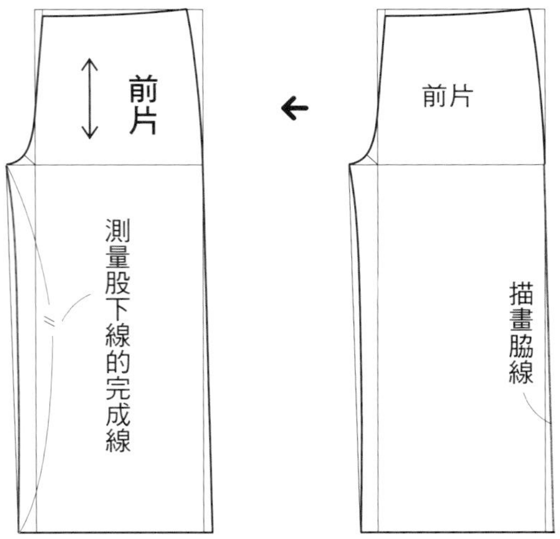

描畫脇線
前片
測量股下線的完成線
前片

3 畫後褲片的基礎線

※詳細的基礎線畫法請參考P.38。

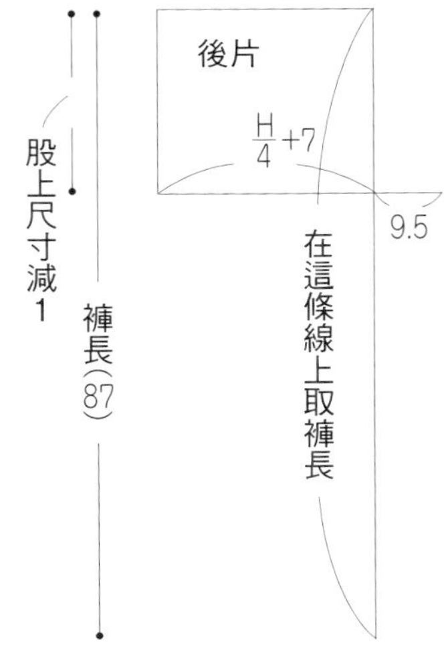

在這條線上取褲長
後片
H/4+7
9.5
股上尺寸減1
褲長(87)

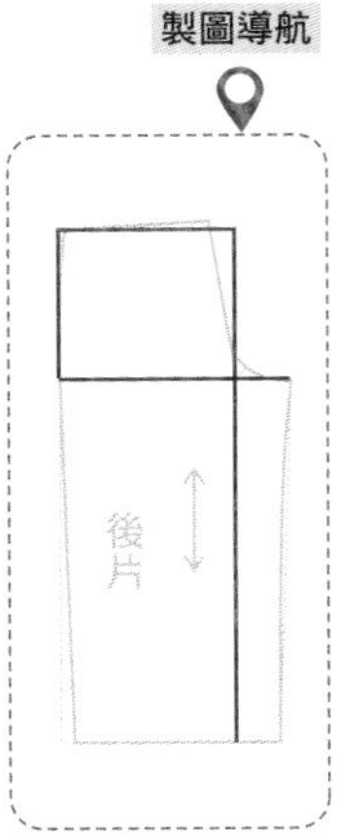

製圖導航
後片

4 畫後褲片的完成線

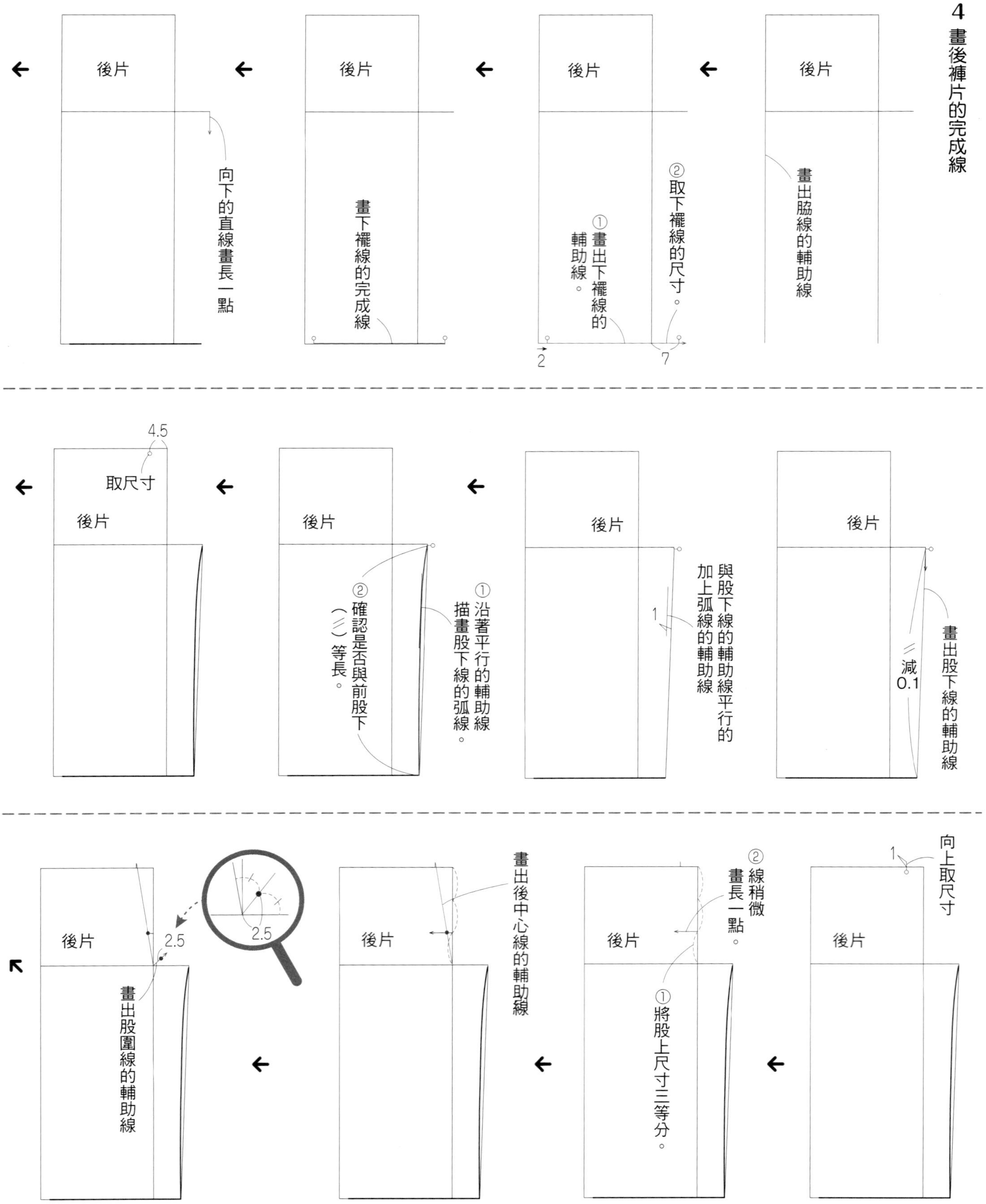
後片
畫出脇線的輔助線
後片
②取下襬線的尺寸。
①畫出下襬線的輔助線。
2
7
後片
畫下襬線的完成線
後片
向下的直線畫長一點
後片
畫出股下線的輔助線
減0.1
後片
與股下線的輔助線平行的加上弧線的輔助線
1
後片
①沿著平行的輔助線描畫股下線的弧線。
②確認是否與前股下（≡）等長。
4.5
取尺寸
後片
1
向上取尺寸
後片
②線稍微畫長一點。
①將股上尺寸三等分。
後片
畫出後中心線的輔助線
後片
2.5
2.5
後片
畫出股圍線的輔助線

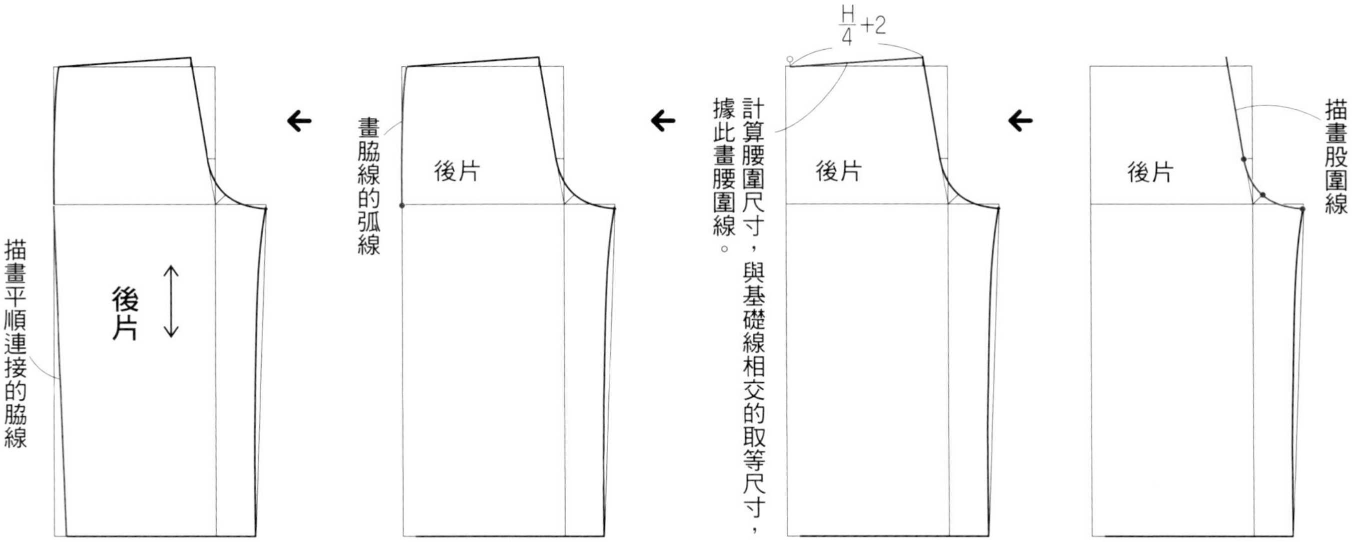
描畫股圍線
後片
$\frac{H}{4}+2$
計算腰圍尺寸，與基礎線相交的取等尺寸，據此畫腰圍線。
後片
畫脇線的弧線
後片
描畫平順連接的脇線
後片

5 畫褲腰帶

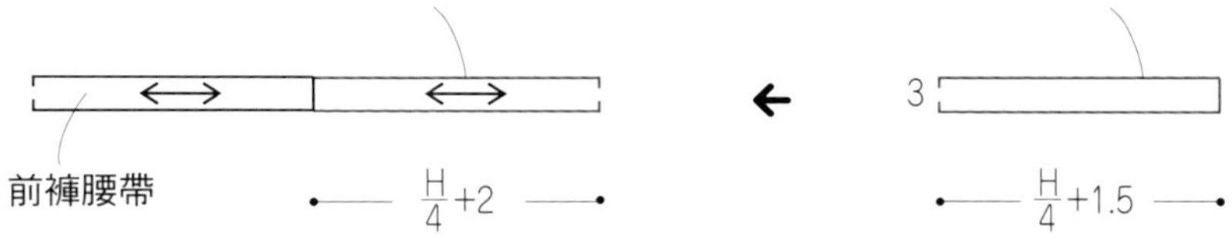
畫前褲腰帶
3
$\frac{H}{4}+1.5$
畫後褲腰帶
前褲腰帶
$\frac{H}{4}+2$

看懂褲腰帶

因為沒有開口，屬於計算臀圍製圖類型的腰帶。請見下表列出的特徵，搭配解說的製圖加以確認。

- 組裝…前開口
- 接縫線…無
- 計算公式…代入臀圍計算
- 前中心…「摺雙」
- 後中心…「摺雙」

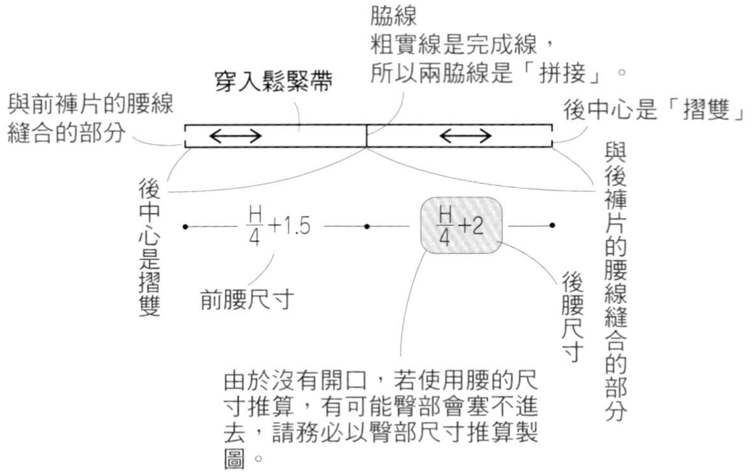
脇線
粗實線是完成線，
所以兩脇線是「拼接」。
穿入鬆緊帶
與前褲片的腰線
縫合的部分
後中心是「摺雙」
後中心是摺雙
$\frac{H}{4}+1.5$
$\frac{H}{4}+2$
前腰尺寸
後腰尺寸
與後褲片的腰線縫合的部分
由於沒有開口，若使用腰的尺
寸推算，有可能臀部會塞不進
去，請務必以臀部尺寸推算製
圖。

memo

memo

國家圖書館出版品預行編目 (CIP) 資料

服裝原型打版製圖：一次學會文化式・登麗美式・直接製圖三大系統 / Boutique-sha 授權；瞿中蓮譯 .
-- 初版 . – 新北市：雅書堂文化 , 2023.04
面；　公分 . -- (Sewing 縫紉家；49)
ISBN 978-986-302-670-9(平裝)

1. 衣飾 2. 縫紉 3. 手工藝

423.2　　112003949

Sewing 縫紉家 49

服裝原型打版製圖

一次學會文化式・登麗美式・直接製圖三大系統

授　　權／Boutique-Sha
譯　　者／瞿中蓮
發 行 人／詹慶和
執行編輯／劉蕙寧
編　　輯／蔡毓玲・黃璟安・陳姿伶
執行美編／陳麗娜
美術編輯／周盈汝・韓欣恬
內頁排版／造極
出 版 者／雅書堂文化事業有限公司
發 行 者／雅書堂文化事業有限公司
郵撥帳號／ 18225950　戶名：雅書堂文化事業有限公司
地　　址／新北市板橋區板新路 206 號 3 樓
電　　話／ (02)8952-4078
傳　　真／ (02)8952-4084
網　　址／ www.elegantbooks.com.tw
電子郵件／ elegant.books@msa.hinet.net

2023 年 4 月初版一刷　定價 380 元

SEIZU NO HIKIKATA HANDBOOK

經銷／易可數位行銷股份有限公司
地址／新北市新店區寶橋路 235 巷 6 弄 3 號 5 樓
電話／ (02)8911-0825
傳真／ (02)8911-0801